Benjamin Brockhaus

Transformative Unternehmensführung und ihre geistigen Grundlagen

W0280753

Benjamin Brockhaus

Transformative Unternehmensführung
und ihre geistigen Grundlagen

Die Bewusstseinshaltung zukunftsfähiger Organisationen

Mit einem Vorwort von Alnatura-Gründer
Prof. Dr. Götz E. Rehn

INFO3 VERLAG

Bibliographische Information der Deutschen Nationalbibliothek
Die Deutsche Nationalbibliothek verzeichnet diese Publikation in der Deutschen Nationalbibliographie; detaillierte bibliographische Daten sind im Internet über http://dnb.ddb.de abrufbar.

ISBN 978-3-95779-102-3

Erste Auflage 2019

© 2019 Info3-Verlagsgesellschaft Brüll & Heisterkamp KG, Frankfurt am Main

Satz: Ulrich Schmid, de·te·pe, Aalen
Umschlag: Frank Schubert, Frankfurt am Main
Titelfoto: Shutterstock
Lektorat: Jens Heisterkamp
Druck und Bindung: CPI books, Leck
Dieser Titel ist auch als E-Book erhältlich

Inhalt

Anmerkung des Autors:
Grundlage für dieses Buch war die Masterthesis des Autors im Studiengang „Sustainability Economics and Management", die im Juni 2017 bei der Universität Oldenburg am Lehrstuhl für allgemeine Betriebswirtschaftslehre und betriebliche Umweltpolitik vorgelegt wurde. Die Arbeit wurde betreut von Prof. Dr. Reinhard Pfriem und Dr. Irene Antoni-Komar.

Zur verwendeten Zitationsweise:

- Die Ziffern in eckigen Klammern – z. B. [23] – verweisen auf die jeweilige Ziffer im Literaturverzeichnis am Ende des Buches.
- Die hochgestellten Ziffern (z. B. [12]) verweisen auf die Fußnoten.

Im Folgenden wird aus Gründen der einfacheren Lesbarkeit auf geschlechterdifferenzierende oder -neutralisierende Ausdrucksweisen verzichtet. An einigen Stellen wird somit die männliche Form gebraucht, obwohl sie unabhängig vom Geschlecht gemeint ist.

Vorwort

Von Prof. Dr. Götz E. Rehn,
Gründer und Gesellschafter von Alnatura

Was vor einigen Jahren noch undenkbar erschien, hat Benjamin Brockhaus in seiner Arbeit über die geistigen Grundlagen einer transformativen Unternehmensführung überzeugend dargestellt: Die so notwendige Transformation von Gesellschaft und Wirtschaft gelingt nur mit einem neuen ganzheitlichen Denken. Nur mit einer holistischen Weltanschauung, die, von einer geistig-kulturellen Perspektive ausgehend, die soziale, ökologische und ökonomische Dimension der Wirklichkeit zu erkennen sucht und im Handeln beachtet, gelingt der notwendige Paradigmenwechsel.

Die radikal neue Sicht erfolgt in zweierlei Hinsicht. Zunächst zeigt der Autor, dass eine Weltanschauung, die den Menschen als seelisch-geistiges Wesen in den Mittelpunkt stellt, wesentliche Voraussetzung für eine nachhaltige Transformation der Wirtschaft ist. Diese Neuausrichtung des Denkens überwindet die heute herrschende, einseitig materialistische Weltsicht um eine geistige Dimension. Hieraus folgt zweitens, dass eine solche universelle Weltsicht einen radikalen Paradigmenwechsel in Wirtschaft und Gesellschaft zur Folge hat. Nicht der Mensch muss der Wirtschaft dienen, sondern umgekehrt dient die Ökonomie dem Menschen und der Erde. An die Stelle der Gewinnmaximierung (Wie kann ich möglichst sparsam wirtschaften?) tritt die Suche nach einem Gewinn an Sinn (Warum wirtschafte ich, welchen Beitrag kann ich zur Entwicklung von Mensch und Erde leisten?).

Der Autor zeigt, dass ein nachhaltiger Umgang mit der Natur in der Wirtschaft nur auf der Basis eines neuen und umfassenden Bewusstseins aller Akteure gelingt. Die notwendigen Umweltveränderungen setzen einen „Innweltwandel" der Menschen voraus. In aller Nüchternheit stellen wir so fest, dass in einer freien und freiheitlichen Gesellschaft die Initiative für eine nachhaltige Neuausrichtung von einem selbst aktiv gewandelten und erweiterten Bewusstsein des Menschen ausgehen muss.

Alle anderen Maßnahmen kurieren nur die Symptome, ohne die eigentlichen Ursachen des desolaten Zustands zu benennen: Das Verständnis der Verhältnisse von der Idee, der geistigen Seite der Dinge her bestimmt letztlich unsere Gestaltung der Welt und unseren Umgang mit Mensch und Kreatur. Anders ausgedrückt: die Transformation von Wirtschaft und Gesellschaft kann nicht durch die oder von der Wirtschaft geleistet werden; denn es handelt sich bei dieser Frage gar nicht um eine ökonomische Fragestellung. Die Frage nach dem Sinn ist eine Frage der Weltanschauung und damit eine geisteswissenschaftliche.

Gleichwohl stellt die Wirtschaft den Bildungsort für diese Bewusstseinsentwicklung des Menschen dar. Im Spannungsfeld zwischen selbstverantwortlichem Handeln und dem Bilden eines Netzwerks füreinander Tätiger gelingt die Selbstentwicklung im Miteinander und durch die Reaktion des Umfelds auf die Gedanken und Taten des Einzelnen.

Die Zukunft gehört wirtschaftlichen Initiativen, die aus menschlichem Interesse und gesellschaftlicher Verantwortung begründet und gestaltet werden. Sie wollen dem Menschen dienen und bewirken die notwendige Transformation. Diese Verwandlung orientiert sich an dem zentralen Entwicklungsziel von Mensch und Erde, der Förderung der Menschen im Hinblick auf die Verwirklichung eines selbständigen und selbstbestimmten Lebens, d.h. der Verwirklichung ihrer geistigen Freiheit. Die Selbstverwandlung des Einzelnen ist die Quelle für eine sinnvolle und nachhaltige Weltgestaltung. Die Selbstentwicklung des Menschen nimmt ihren Ausgangspunkt in der Überwindung der nur materialistischen Weltsicht und schreitet fort zur Erweiterung des Bewusstseins um die geistige Dimension der Wirklichkeit. Die „geistige Transformation" der wirtschaftlich Handelnden ist die Grundlage, auf der eine nachhaltige Wirtschaft entsteht, die dem Menschen und der Erde dient.

„Wenn das Ziel ist, den Menschen in seiner freien geistigen Entwicklung zu fördern und das Freiheitsmotiv sozusagen das große Motiv ist für die Menschheit, dann ist die Erde dafür unser Entwicklungspartner. Und als Entwicklungspartner akzeptiere ich und akzeptiert die Erde glaube ich auch, wenn ich das so sagen darf, dass es hier und da Verluste gibt: Wenn Sie über den Rasen gehen, knicken Gräser ab. Wir ernten, aber wir säen auch wieder. Es geht darum, wie wir – in Verbindung mit der Erde – Zukunft gestalten. Idealerweise geht es auch bei der Erde darum, sie zu befreien: Also ihr zu helfen, sich besser auszudrücken, als sie sich ausdrücken kann ohne uns Menschen. Als Beispiel: Wenn Sie schöne Kulturlandschaften sehen oder wenn Sie sich vorstellen, dass Sie ein Produkt veredeln oder dass Sie ihr helfen (beispielsweise durch biologisch-dynamischen Landbau), dass sie mehr Humus bilden kann. Wir können durch unseren Beitrag erreichen, dass das, was in der Erde veranlagt ist als Potential, zur Erscheinung kommt."

Götz E. Rehn, im Interview 2017

Warum dieses Buch?

Die vorliegende Arbeit soll dem gedeihlichen Zusammenleben von Menschen auf der Erde, kurz einem *guten Leben* zuträglich sein. Das *gute Leben* als Ziel wird hier und im Folgenden als ein gelungenes gesellschaftliches Leben verstanden, das durch körperliche und ökosystemische Gesundheit, seelisches Wohlbefinden und geistige Höherentwicklung geprägt ist. Dieses Verständnis leitet sich aus der *Nikomachischen Ethik* von Aristoteles ab [1]. Eine treffende Entsprechung findet dies in der südamerikanischen Leitvorstellung des *Buen Vivir*, des „auskömmlichen Zusammenlebens" der Menschen untereinander und mit ihrer Mutter Erde, das sowohl spirituelle, materielle und soziale Zufriedenheit der Menschen im Zusammenleben mit der Natur umfasst [2].

Dabei wird von einem Weltbild ausgegangen, dessen sinngebendes Zentrum der Mensch bzw. dessen stetige Weiterentwicklung ist. Der Mensch ist dabei ein lebendiges, seelisch-fühlendes, geistig-denkendes und physisch-seiendes Wesen. Er findet im Leben seinen Sinn darin, sich in seinem Wesen stetig weiterzuentwickeln in eine Richtung, die für das größere Ganze – mit dem er in Verbindung steht – förderlich ist. Alle gesellschaftlich wirksamen Handlungen (sei es in der Politik, Ökonomie oder Wissenschaft) sollen der freien Weiterentwicklung des Menschen förderlich sein. So auch diese Arbeit (selbst, wenn dies nur für den Autor zutreffen mag).

Der ehemalige Oldenburger BWL-Professor und wissenschaftliche Pionier der „kulturalistischen und auf Nachhaltigkeit ausgerichteten Ökonomie" Reinhard Pfriem, dessen Forschung und Lehre grundlegende Inspirationen für dieses Buch waren, ist von der „performativen Wirkung der Wirtschaftswissenschaften" überzeugt: Die Art, wie wir Wirtschaft denken und lehren, wird sich auch in der Realität etablieren [3]. In diesem Sinne, soll die Arbeit ein kleiner Beitrag dazu sein, nicht-nachhaltige Denk- und Handlungsmuster in bzw. über Ökonomie durch humanistische und zukunftsweisende Impulse abzulösen. Im Sinne einer „Transformativen Wirtschaftswissenschaft" nach Uwe Schneidewind / Reinhard Pfriem et al. (2016) soll diese Arbeit einen Beitrag dazu leisten, dass der erwartungsvoll als *Große Transformation* bezeichnete Prozess gesellschaftlicher Veränderung (der in Kapitel 2.1 näher definiert wird) zu einer nachhaltigen Entwicklung bzw. zum *guten Leben* führt.

Dieses Buch möchte Hilfestellung für eine Metamorphose der Ökonomie sein, die – so lehrten mich die Gespräche mit den Interviewpartnern – eine weitreichende Neu- bzw. Rückbesinnung auf die Kernaufgabe unternehmerischer Tätigkeit erfordert.

Der Sinn unternehmerischen Handelns (und somit auch jeder Wissenschaft, die sich damit befasst) ist es, dem Menschen auf seiner Suche nach einem *guten Leben* zu dienen. Und da die belebte und unbelebte Umwelt die Entwicklungsgrundlage für diesen Menschen ist, ist es die Verantwortung jeglichen Unternehmertums, diese zu schützen und in Bestand und Funktion zu erhalten, ja sogar zu höheren, schöneren, lebendigeren Erscheinungsformen weiterzuentwickeln.

Benjamin Brockhaus im Mai 2019

1 Einleitung

Die Geschichte des Lebens kann beschrieben werden als Metamorphose jener Lebensformen, die aus Fehlern lernten und dem Aussterben jener, die im Wandel der Welt die Weiterentwicklung verpassten. Als Blüte der Evolution oder Krone der Schöpfung gilt der Mensch. Doch die Menschheit bewegt sich – z.B. aktuell unter Führung einiger megalomanischer Populisten – auf die nuklearen, ökologischen, kulturellen, sozialen und psychologischen Schwellen der eigenen Existenz zu. Eine *Große Transformation*[1] ihres politischen und wirtschaftlichen Verhaltens scheint notwendig, um den langfristigen Fortbestand der Menschheit zu sichern und dem Ideal globalen Friedens und Wohlbefindens auf der Erde näher zu kommen. Doch die Mehrheit der Menschheit wirtschaftet noch auf Kosten der eigenen Lebensgrundlage, lässt Artgenossen töten bzw. verhungern und einst errungene psychosoziale Kompetenzen degenerieren.

„Wo aber Gefahr ist, wächst das Rettende auch!"[2] – und so gab es immer Hoffnungsträger, die entgegen dem Mainstream das Ideal einer enkeltauglichen Gesellschaft verfolgen und dabei die Weiterentwicklung der eigenen Spezies vorantreiben. So gibt es auch in der Wirtschaft eine Reihe gemeinwohlorientierter Unternehmen, die „Entwicklung" nicht auf Wachstum und Profitmaximierung reduzieren, sondern humanistische Wegbereiter nachhaltiger Formen von Produktion, Konsum und Arbeitsorganisation sind. Obwohl die Frage nach dem *Wie?* (also das Wissen darüber, wie nachhaltiges Unternehmertum zu organisieren ist) durch das

1 Dieser und die weiteren in diesem Kapitel kursiv gesetzten Begriffe werden noch näher erläutert.

2 Zitat aus „Patmos (Dem Landgrafen von Homburg)" von Friedrich Hölderlin [4].

Wirken der Pioniere und die Wissenschaft seit Jahrzehnten immer weitergehend beantwortet wird, bleiben breitenwirksame Wellen von Nachahmern noch aus.[3] Dadurch bekommt die Frage nach der Motivation, die Frage des „Warum?" zunehmende Bedeutung. In der Hoffnung, vielleicht Ansatzpunkte zur Motivation und Überzeugung für viele zu finden, lohnt es zu fragen, warum sich manche Unternehmen besonders engagiert für den Wandel einsetzen? Woher kommt bei den Vorbildern nachhaltigen Unternehmertums die Inspiration und der Wille für ihren besonderen Einsatz für Mensch und Erde?

Aus der Beobachtung, dass unter den Pionieren menschen- und umweltfreundlicher Wirtschaftsformen zahlreiche *anthroposophisch* orientierte Unternehmen (AOU) sind[4], entstand die Vermutung, dass *Weltanschauungen* besonderen Einfluss auf das Nachhaltigkeitsengagement und etwaige *transformative* Strategien der Unternehmen haben könnten. Dem nachgehend untersucht diese Arbeit, welche Bedeutung die *geistigen Grundlagen* von Unternehmensleitern für das Gelingen eines nachhaltigen Unternehmertums haben könnten.

So möchte die Arbeit Führungskräften, die mit ihren Organisationen auf dem Weg zur nachhaltigen Entwicklung sind, Inspiration und Ermutigung liefern, um ihr Handeln tiefgründiger zu reflektieren, als es in der Wirtschaft sonst üblich ist.

In der Theorie (Kapitel 2) wird zunächst *transformatives Unternehmertum* als ein kreatives Gestalten kultureller Prozesse in Richtung verschiedener Wirkungsdimensionen nachhaltiger Entwick-

---

3 Selbst der sogenannte „Bioboom" betrifft in Deutschland nur 7,1 Prozent und weltweit gerade einmal etwas mehr als ein Prozent der landwirtschaftlichen Nutzfläche. [5].

4 Von der biologisch-dynamischen Landwirtschaft (Demeter, 1924), über die erste ökosoziale Bank (GLS, 1974), von der Herstellung von Naturkosmetik (WALA Heilmittel, 1935) bis hin zu solidarischen Finanzierungsmodellen und Selbstverwaltungsstrukturen von Bildungsreinrichtung (Waldorfschulen, seit 1919) – in vielen Lebensbereichen haben Menschen aus der Anthroposophie heraus als Pioniere den Weg nachhaltiger, transformative und gesellschaftsorientierter Wirtschaftsweisen beschritten. [6].

lung erläutert. Dies geschieht auf Basis eines kulturalistischen Ökonomie-Verständnisses, diversen Ansätzen der wachstumskritischen bzw. nachhaltigkeits-orientierten Wirtschaftswissenschaften und wesentlichen Perspektiven der Transformationsforschung, die durch die sozialökologische Politik Rudolf Bahros ergänzt werden. Zur Definition *transformativer Unternehmensführung* wird der Theoriekomplex in den Bezugsrahmen des St.-Galler Management-Modells eingebettet, wodurch der hier dargestellte Ansatz einen (management-)kybernetischen Einschlag erhält.

Für diese Arbeit wurden die weltanschaulichen Motivationen und geistigen Quellen des nachhaltigen Unternehmenshandeln vorbildlich handelnder Führungskräfte explorativ erkundet: Die wesentlichen Erkenntnisse dieses Buches basieren auf Gesprächen mit den Geschäftsführern von fünf Unternehmen, die für ihr wegweisendes Nachhaltigkeitshandeln wiederholt mit relevanten Preisen ausgezeichnet wurden. Befragt wurden:

zwei Bio-Pioniere:

- Alnatura Produktions- und Handels GmbH (Gründer Prof. Dr. Götz E. Rehn)
- Lebensbaum / Ulrich Walter GmbH (Gründer Ulrich Walter),

die erste und größte sozial-ökologische Bank:

- GLS Gemeinschaftsbank eG (Vorstandssprecher Thomas Jorberg)

die Nachhaltigkeitspionierin der Outdoor-Branche:

- Vaude GmbH & Co. KG (Geschäftsführerin Dr. Antje von Dewitz)

und der Pionier für Naturkosmetik:

- Dr. Hauschka / WALA Heilmittel GmbH (Geschäftsführer Dr. Johannes Stellmann).

Es ging dabei ausdrücklich nicht um eine Bewertung der untersuchten Unternehmen, noch weniger um die Beurteilung der befragten Geschäftsführer, sondern darum, aus deren Schilderungen induktiv Erkenntnisse über die Bedeutung ihrer Selbst-, Menschen- und Weltbilder bzw. über die Wichtigkeit des Normativen für die nachhaltige Unternehmenspraxis zu gewinnen.

Die Ergebnisse der Interviews (dargestellt in Kapitel 4) legen dar, dass die (überwiegend im Zuge der Sozialisation angelegten) Weltanschauungen der Unternehmensleiter zentral auf die nachhaltige (Weiter-)Entwicklung von Mensch, Umwelt und Unternehmung ausgerichtet und richtungsgebend für die gesamte Management- und Unternehmenspraxis sind.

Diese Erkenntnis wird in Kapitel 5 vor dem Hintergrund der integral-evolutionären Philosophie Ken Wilbers reflektiert. Diese Verbindung der Praxis mit der Theorie erlaubt schließlich die Schlussfolgerung, dass die Entwicklung des menschlichen Bewusstseins in Richtung pluralistischer, integraler und evolutionärer Weltanschauungen gleichsam für das Gelingen eines wirklich nachhaltigen Unternehmertums wie für die Große Transformation von entscheidender Bedeutung ist.

2 Wirtschaft neu denken & Transformatives Unternehmenshandeln

2.1 Die Notwendigkeit einer Großen Transformation

Über die rezenten globalen Negativ-Trends und Zerstörungsprozesse in ihrer konkreten Ausprägung ist viel geschrieben worden. Die „Landschaft der Pathologien“ [7] soll hier in Form von drei wesentlichen Abgründen charakterisiert werden, an deren Klippen die Menschheit baumelt.

Der ökologische Abgrund: Der Mensch ist im Anthropozän angekommen; nichts prägt die geo-ökologischen Prozesse des Erdsystems mehr als unsere wirtschaftlichen Aktivitäten [8]. Dabei wird die vorhandene Biokapazität um das 1,6-fache der regenerativen Fähigkeiten der Erde übernutzt – irreversible Schäden an Klima- und Ökosystemen sind die Folge [9]. Seit 1970 sind bereits 60 % der zuvor vorhandenen Tierarten ausgestorben. Das ist das größte Artensterben seit 65 Millionen Jahren [9].

Der soziale Abgrund: Die ungerechte Verteilung des Wohlstands ist noch immer Ursache für großes Elend: Während die acht reichsten Familien mehr Vermögen besitzen als die ärmere Hälfte der Weltbevölkerung [10], sterben mit jeder Minute elf Kinder an den Folgen chronischen Hungers [11].

Der kulturelle Abgrund: Die noch fortschreitende globale Expansion des Industrie-Kapitalismus geht einher mit der Verbreitung der westlich-amerikanischen Soziokultur. Dieser *Kulturimperialismus* hat zu einem globalen Sterben kultureller Diversität geführt [12]. Gleichzeitig führt eine ungebremste Vereinseitigung kultureller Prozesse wie Kommerzialisierung, Technisierung und Beschleunigung zur zunehmenden Entfremdung der Menschen [13]: Steigende Burnout-Raten und psychische Erkrankungen sind in Deutschland die zweithäufigste Fehlursache am Arbeitsplatz

[14]. Für immer mehr (gerade auch junge) Menschen erscheint das Leben auf diesem Planeten nicht mehr lebenswert. So haben sich im Jahr 2012 über 800 000 Menschen weltweit das Leben genommen [15].

Aus den so skizzierten Pathologien ergibt sich (wenn man nicht jegliche Moral und Ethik vernachlässigt) die dringende Notwendigkeit eines Kurswechsels, der das politische, soziale und ökonomische Handeln der Menschheit betreffen muss. Diese Forderung ist nicht neu; eine Feststellung, die die Dringlichkeit eher noch verschärfen als relativieren sollte. Seit nunmehr fast fünf Dekaden weist das regulative Konzept einer *nachhaltigen Entwicklung* auf die Notwendigkeit weitreichender Verhaltensänderungen hin [13].

Bis Mitte des 20. Jahrhunderts stand der Glaube an endloses wirtschaftliches Wachstum durch (insbesondere technischen) Fortschritt in den westlichen Industrienationen weitgehend unangezweifelt da. Natur galt als unbegrenzt verfügbar. Die Achtung planetarer Grenzen, der Kerngedanke der *Nachhaltigkeit*[5], stand nicht auf der politischen Agenda. Erst die in Folge von Ölkrise und Umweltkatastrophen aufkommenden Umweltbewegungen in den 70er Jahren legten den Grundstein für einen breiteren Diskurs über die „Grenzen des Wachstums“[6]. Doch wie die fortschreitenden globalen Negativtrends (siehe Kapitel 2.1) schmerzlich belegen, ist

---

5 Der Begriff der Nachhaltigkeit stammt aus der Forstwirtschaft, wo er 1713 in „Sylvicultura Oeconomica“ von Hans Carl von Carlowitz für eine langfristig praktikable Waldwirtschaft eingeführt wurde. Carlowitz prognostizierte, man werde in Zukunft an Holz „große Noth leiden“, falls man nicht lerne, die Produktionskraft des Waldes und die Holzernte aufeinander abzustimmen; alles andere wäre „Raubbau“ an der Natur. [16].

6 Größere Beachtung für die Notwendigkeit eines gemäßigten Umgangs mit den natürlichen Ressourcen erzielten erstmals Meadows et al. 1972 in ihrer bekannten Studie „The Limits to Growth“. Dem folgte 1987 der Brundtland-Berichts ("Our Common Future") der United Nations World Commission on Environment and Developemt (WCED [17]), dem auch die weitverbreitete Definition der „nachhaltigen Entwicklung“ entnommen werden kann. Dieser war wiederum Ausgangspunkt für die Konferenz der Vereinten Nationen über Umwelt und Entwicklung 1992 in Rio de Janeiro, auf der mit der „Agenda 21“ die Grundlage für die globale Verbreitung des Konzeptes der nachhaltigen Entwicklung in politischen und wirtschaftlichen Agenden gelegt wurde.

die Weltgemeinschaft seitdem nicht nennenswert über die Ebene des theoretischen Diskurses hinausgekommen. Somit stellt sich mehr denn je die Frage, wie die konkrete Ausgestaltung eines Kurswechsels angegangen werden kann.

In Deutschland widmete sich dieser Frage der Wissenschaftliche Beirat der Bundesregierung für Globale Umweltveränderungen (WBGU) und legte der Bundesregierung 2011 ein Gutachten vor, das die Kurswechsel-Strategie der BRD klären sollte. Ziel ist es, eine „große Transformation anzuregen, die in eine Weltwirtschaft und -gesellschaft führt, die innerhalb der Grenzen des Erdsystems Wohlstand, Stabilität und Demokratie sichern kann" [18]. Im Zentrum der Argumentation des WBGU steht ein verändertes wirtschaftliches Verhalten von Produzenten und Konsumenten, welches die *planetaren Grenzen* berücksichtigt [19].

Der Begriff der *Großen Transformation* geht zurück auf den Wirtschaftshistoriker Karl Polanyi, der gesellschaftliche Umbrüche wie die Neolithische Revolution oder den Übergang von der Agrar- zur Industriegesellschaft als eine eben solche benennt [18, 20]. Große Transformationen sind also im Ergebnis eine fundamentale, tiefgreifende Neuausrichtung in der Entwicklung der Menschheitsgeschichte, die alle Bereiche des Lebens (Wirtschaft, Technik, Soziales, Kultur, Ethik, um nur einige zu nennen) betrifft.

Klar ist, die politische Forderung nach einem „neuen Gesellschaftsvertrag" bleibt nur Papier, wenn es nicht zu „hinreichend radikalen Veränderungen" des gesellschaftlichen Handelns, insbesondere des Wirtschaftens, kommt [21]. Doch welcher Natur und Beschaffenheit muss ein Handeln sein, dass es als „transformativ" (i.S.v. der Großen Transformation zur nachhaltigen Entwicklung zuträglich) gelten kann?

2.2 Was ist transformatives Handeln einer Unternehmung?

2.2.1 Der Green New Deal ist keine Lösung

Derzeit bestimmen die Nachhaltigkeitsziele der Vereinten Nationen[7] den politischen Nachhaltigkeitsdiskurs. In der Liste der Ziele sind nachhaltiges Wirtschaftswachstum und effiziente Ressourcennutzung gleichrangig enthalten. Beide sollen u.a. durch technologische Effizienzlösungen wie z.B. die verstärkte Nutzung erneuerbarer Energien angestrebt werden. Hieran verdeutlicht sich, dass die vorherrschenden Nachhaltigkeitsstrategien einer *Entkopplungslogik* folgen. Das Wirtschaftswachstum wird nicht in Frage gestellt, aber es soll von seinen negativen Folgen auf Mensch und Umwelt entkoppelt werden: Klimaschutzpakete, Emissionsreduktion, Optimierung der Wertschöpfungsketten zur Steigerung von Effizienz und Konsistenz und die Verbreitung sogenannter grüner Technologien – dies sind die vorherrschenden Strategien eines umweltschonenden[8] Umbaus unserer Gesellschaft, der allgemein als *Green New Deal* bzw. *grünes Wachstum* bezeichnet wird [23].

---

7 Viele aktuelle Publikationen, die sich der Frage der konkreten politischen Ausgestaltung der *Großen Transformation* widmen, führen als richtungsgebende Ziele meist die "*Sustainable Development Goals*" (SDGs) an, die seit 2016 auf der Agenda 2030 der Vereinten Nationen stehen. Dabei handelt es sich um 17 nachhaltigkeitsrelevante Teilziele wie die Überwindung von Armut und Hunger, die Verbesserung von Bildung, Gesundheitsversorgung und Arbeitsplatzverfügbarkeit und die Schaffung von Gleichberechtigung. Daneben rangieren unter den UN-SDGs gleichrangig auch die Sicherung nachhaltigen Wirtschaftswachstums mit dem Streben nach Ressourceneffizienz und der Entlastung von Ökosystemen sowie die Nutzung erneuerbarer Energien. [22].

8 Darauf, dass derartige Entkopplungsstrategien soziale und kulturelle Gesichtspunkte weitgehend vernachlässigen, sei an dieser Stelle nur hingewiesen. Die Reduktion des Nachhaltigkeitsdiskurses auf die ökologischen und ökonomischen Aspekte ist ein derart trauriges Unterfangen, dass auf die Einstimmung in das Klagelied über die andauernde Kurzsichtigkeit so vieler gesellschaftlicher Akteure hier verzichtet werden soll. Im Folgenden wird die enorme Bedeutung der sozialen und kulturellen Dimension der Nachhaltigkeit noch ausreichend verdeutlicht.

Aus den Reihen der kritischen Wirtschaftswissenschaften werden dagegen schon seit langem Stimmen laut, die darauf hinweisen, dass jene weiter am Wachstum, d.h. an der Logik des Hinzufügens festhaltenden Transformationsstrategien auf Dauer scheitern werden. Zwar können technische Innovationen zu *relativen* Entkopplungen des Ressourcenverbrauchs vom Wirtschaftswachstum führen, derartige Fortschritte sind wegen zahlreicher *Reboundeffekte*[9] aber selten *absolute* Entkopplungen, also tatsächlich Reduktionen der Umweltbelastungen [23]. Der wachstumskritische Ökonom Niko Paech enttarnt die weiterhin auf *grünes Wachstum* bauenden Effizienzstrategien als Irrglauben und zeigt auf, dass selbst Konsistenzstrategien (Schließung von Stoffkreisläufen) erst in Kombination mit Industrierückbau und Subsistenzwirtschaft (Selbstversorgung) eine Perspektive für den notwendigen Wandel der Gesellschaft bilden [23].

Klar ist: Ein reaktives und nur opportunistisches Anpassen an die „neuen"[10] Umweltbedingungen durch Nutzung, Einführung oder Entwicklung grüner Technologien bzw. durch die Optimierung von Effizienz oder Qualität von Produkten und Dienstleistungen kann nicht die erfolgsversprechende Strategie für das Gelingen der Großen Transformation sein [21]. Der WBGU bleibt jedoch mit seinen Handlungsempfehlungen überwiegend inner-

---

9 Reboundeffekte beschreiben das Phänomen, dass Effizienzgewinne bzw. Ressourceneinsparungen, die durch den Einsatz einer nachhaltigeren Technologie erzielt werden, durch verschiedene Mechanismen (z.B. einen darauffolgenden Mehrverbrauch oder die Problemverlagerung in andere Wirkungsräume oder -dimensionen) aufgehoben werden und es netto doch zu einer Mehrbelastung kommt, siehe z.B. Schneidewind [24]. Die Erforschung der Reboundeffekte (siehe z.B. Santarius [25]) nimmt eine Perspektive ein, die die sonst im ökonomischen Denken üblichen zeitlichen, räumlichen und fachlichen Grenzziehungen überschreitet. Erst diese umfassendere Perspektive offenbart, was langfristig und global gesehen wirklich „nachhaltig" ist.

10 Das Anthropozän ist erdgeschichtlich noch sehr jung: Die Mehrheit der Umweltzerstörungsprozesse hat sich erst im Zuge der letzten hundert Jahre bzw. der letzten Dekaden zur Bedrohlichkeit verschärft. Von vielen Akteuren wurden die „neuen" Bedingungen aber überhaupt erst dann wahrgenommen, als verbindliche Regulationen (z.B. im Emissionsschutz) eingeführt wurden.

halb der Logik der reaktiv-additiven Handlungsanpassungen. Dies soll das Handeln möglichst vieler Akteure in der bestehenden Gesellschafts- und Wirtschaftsordnung kompatibel machen mit den Notwendigkeiten, die sich insbesondere aus der bereits stattfindenden „Klimaüberhitzung“[11] [27] ergeben.

2.2.2 Schöpferische Zerstörung und oppositionelles Verhalten

Nimmt man an, die industrie-kapitalistische Weltordnung[12] sei uns als unveränderliches Faktum auferlegt[13], so stellt sich die Frage, wie man innerhalb dieser Weltordnung den Kurswechsel zur Nachhaltigkeit gestalten kann.

Folgt man dem Nationalökonomen Jospeh Schumpeter, dann ist der Kapitalismus nicht veränderungsfeindlich. Schumpeter beschreibt den Kapitalismus als „Methode der ökonomischen Veränderung“, die nach dem Prinzip der „qualitativen Veränderung“ eine „Geschichte von Revolutionen“ schreibt. Technologien, Produkte und Organisationsformen werden durch den Prozess der *„schöpferischen Zerstörung“* immer wieder abgelöst durch neuere, die einen entscheidenden Kosten- oder Qualitätsvorteil mit sich bringen. Mit Innovation einher geht stets auch der Prozess der Exnovation, der Altes aus dem Möglichkeitenraum subtrahiert

---

11 Der Mensch verändert sein Verhalten aufgrund bildhafter Begriffe (Frames) kognitiver Natur. Schon die im Nachhaltigkeitskontext verwendete Sprache weist auf ein Framing hin, welches dem Wandel nicht zuträglich ist: Verharmlosende Begriffe wie Klimawandel oder Erderwärmung generieren nicht die negativen Assoziationen, die Veränderungen hervorrufen können. Dagegen erscheinen Begriffe wie *Menschenschutz, Klimaüberhitzung* oder *Klimavergiftung* geeigneter, da sie die unmittelbaren Handlungserfordernisse deutlicher zur Sprache bringen. [26].

12 Angesichts der kulturimperialistischen Eigenschaften der westlich-kapitalistischen Industriekultur (vgl. Pfriem [12]), die sich über den Globus metastasiert, ist es wohl heutzutage zu rechtfertigen, von einer bestimmenden kapitalistischen Weltordnung zu sprechen. Unter Weltordnung wird hier und im Folgenden das globale System der wirtschaftlichen und politischen Beziehungen und ihrer Funktionslogik verstanden.

13 Von dieser Position wird später noch abgewichen, siehe Kapitel 2.3.4.

[28]. Kreativität und Destruktion sind somit beide konstitutive Merkmale der kapitalistischen Weltordnung, die im Prinzip auch zu Veränderungen in Richtung Nachhaltigkeit führen könnten.

Zwei Vereinseitigungen verhindern dies jedoch in der Realität: Zum einen ist ein zu großer Teil der menschlichen Kreativität in den letzten Jahrhunderten in die Weiterentwicklung von Technologie geflossen. Kondratieff und Nefiodow haben mit ihrer Theorie wirtschaftlicher Zyklen schlüssig dargestellt, dass die Mechanismen der schöpferischen Zerstörung seit dem 19. Jahrhundert immer wieder zu enormen technischen und infrastrukturellen Fortschritten geführt haben, mit denen (zunächst noch) große Wohlfahrtszugewinne einhergingen [12]. Entsprechende, zu den technologischen Quantensprüngen passende, soziale, organisationale, institutionelle und kulturelle Weiterentwicklungen[14] haben aber nicht stattgefunden [29]. Zum anderen findet die schöpferisch-zerstörerische Exnovation der alten, weniger effizienten oder qualitativ minderwertigen Produkte, Technologien und Wirtschaftsweisen nicht hinreichend statt. Meist geschieht der Prozess der additiven Innovation von Technologie ohne Exnovation.[15] Eine hinreichend auf das Ziel der nachhaltigen Entwicklung ausgerichtete transformative Praxis bedarf aber des Zusammenkommens beider Veränderungsmodi und „muss neben dem Unternehmen auch das Unterlassen kultivieren"[16] [30]. Laut der Forschungsgruppe „nascent"[17] kann wirtschaftliches Handeln erst dann als

14 Die nur einseitig praktizierte unternehmerische Kreativität hat technologische Innovationen (wie z. B. Big-Data-Algorithmen oder Smartphones) hervorgebracht, die nun dominant auch das Miteinander in der Gesellschaft bestimmen (z. B. Facebook oder Online-Partnerbörsen).

15 So trägt zum Beispiele die Elektromobilität bisher noch nicht nennenswert zur Substitution der verbrennungsmotorbetriebenen Mobilität bei: Das Elektroauto ist oftmals zusätzlicher Zweit- oder Drittwagen.

16 Es handelt sich hierbei um eine der Kernaussagen des Vortrags der Ökonomin Christiane Busch-Lüty und des Physikers und „Alternativen Nobelpreisträgers" Hans-Peter Dürr auf der Oldenburger Tagung des Vereins für Socialpolitik (VfS) 1992. Da die radikale Perspektive innerhalb des VfS auf wenig Offenheit stieß, kam es daraufhin zur Gründung der Vereinigung für ökologische Ökonomie.

„transformativ" bezeichnet werden, wenn es das Potenzial hat, beides miteinander zu verbinden – nachhaltige Wirtschaftsformen und Kulturen in die Welt zu bringen und zugleich nicht-nachhaltige Wirtschaftsformen zu verdrängen bzw. abzulösen [32].

Wenn von Zerstörung und Verdrängen die Rede ist, liegt es nahe, dass transformatives Verhalten sich am normativen Rahmen der bestehenden Weltordnung reibt: *Nonkonformismus*[18], also das Brechen mit vorherrschenden Kulturen und deren Regeln, wird aus einer systemkonformen Sichtweise verurteilt. Aus größerer (ethischer und geschichtlicher) Perspektive ist Regelbruch aber grundsätzlich wichtig: Der Regelbruch von Pionieren kann selbst neue Moralordnungen nach sich ziehen, die dann nachträglich als moralisch vertretbar legitimiert werden [36]. Entscheidend ist aber die Frage, welche heute noch nonkonformen oder sogar illegalen Verhaltensweisen zukünftig bzw. von nachfolgenden Generationen Amnestie und Anerkennung erlangen werden [12, 37]. Die Konzepte für eine nachhaltige Entwicklung verfolgen zentral das Ziel eines generationenübergreifenden guten Lebens. Nachfolgende Generationen werden demnach am wenigsten jene anklagen, die sich heute bereits (entgegen den kulturellen Regeln, die in der breiten Masse der Bevölkerung üblich sind) diesem Ziel widmen. Geschichtlich zeigt sich sogar, dass es meist die regelbrüchigen Widerstandskämpfer sind, die zu den Vorbildern und Helden nachfolgender Ordnungen werden.[19,20] Gegenüber den gegebenen

17 BMBF Forschungsprojekt der Universitäten Oldenburg und Stuttgart über transformative Wirtschaftsformen in der Ernährungswirtschaft. Siehe: www.nascent-transformativ.de sowie [31, 32].

18 Der Sozialpsychologe Erich Fromm prägte diesen Begriff entscheidend mit: Die Angst vor Nonkonformität hindert viele Menschen an der freien Selbstentfaltung ihrer Potentiale. Siehe: [33–35]; [34].

19 Biografien von Helden wie Sophie Scholl (Weiße Rose), Claus Schenk Graf von Stauffenberg (Operation Walküre), des Unternehmers Oskar Schindler („Schindlers Liste") oder die Geschichten von Nelson Mandela und Martin Luther King legen eindrücklich nahe, dass normativ richtiges Verhalten – insbesondere in Phasen tiefgreifender Ungerechtigkeit – Regelbruch voraussetzt.

20 Auf die Bedeutung von Vorbildern und Pionieren wird in Kapitel 2.4.1 eingegangen.

wirtschaftlichen Gepflogenheiten und Marktverhältnissen im Mainstream muss *transformatives Handeln* somit auch hinreichend in Opposition gehen [12].

2.2.3 Handeln als struktur- und kulturbildende Grundlage der Weltordnung

Das oben skizzierte Verständnis *transformativen Handelns* schmiegt sich harmonisch an die Strukturationstheorie des britischen Soziologen Anthony Giddens an.[21] Dieser beschreibt eine grundlegend rekursiv-konstituierende Beziehung zwischen Handlungen und den Strukturen, die das Dauerhafte in einer Gesellschaft konstituieren. Während wiederholte Handlungen (Routinen) autopoietisch Strukturen erschaffen (die institutionelle Weltordnung), wirken diese auf das Handeln (sowohl als Grundlage wie als Einschränkung) zurück [38]. So sind geschichtlich innerhalb der kapitalistischen Weltordnung viele Abhängigkeiten zwischen kollektivem Handeln und institutionellen Strukturen gewachsenen, die einem nachhaltigen Handeln im Wege stehen (siehe auch Kapitel 2.2.4). Diese werden in der Transition-Forschung als *Pfadabhängigkeiten*[22] bezeichnet. Die ihnen inhärente rekursive Logik zu durchbrechen ist eine große Herausforderung für transformativen Akteure [22, 32]. Erst zahlreiche, wiederholte und hinreichend radikale Inter-

---

21 Giddens versteht *Handeln* als die Fähigkeit, in die Welt einzugreifen bzw. es zu unterlassen mit der Folge, einen spezifischen Prozess oder Zustand zu beeinflussen. *Macht* ist das Vermögen der Akteure, eine Alternative zu einem vorher existierenden Zustand oder Ereignisverlauf durchzusetzen. Siehe [38].

22 Das sozialwissenschaftliche Konzept der Pfadabhängigkeiten beschreibt das Phänomen, dass im gesellschaftlichen Entwicklungsprozess (z. B. in Folge von Schlüsselinnovationen) einmal eingeschlagene Entwicklungspfade (z. B. die Chemisierung der Landwirtschaft, Wettrüstung, die Arbeitsteilung oder globale Zergliederung von Wertschöpfungsketten), zu denen anfangs noch Alternativen bestanden, mit der Zeit zu Systemzwängen mit negativen Folgen mutiert sind. Der Weg zurück an die Kreuzung alternativer Entwicklungspfade, die z. B. unter dem Gesichtspunkt einer nachhaltigen Entwicklung besser geeignet wären, ist später nur noch mit hohem Aufwand möglich. Siehe z. B. [22, 39].

ventionen (quasi wiederholte „Störungen im Betriebsablauf") können Pfadabhängigkeiten durchbrechen [22].

Diese Perspektive bereitet nun den Weg zu einem weiteren Theoriefeld, denn jene emergenten Strukturen, die einerseits aus kollektiven Routinen entstehen, zugleich aber prägende Vorbedingung individuellen Handelns sind, gleichen in ihrer Genese dem, was im Folgenden unter *Kultur* verstanden wird. Kultur ist ein relativ ungreifbares soziales Phänomen aus Normen und Gewohnheiten, welches durch häufig reproduziertes, kollektives menschliches Handeln entsteht und zugleich das Verhalten im gesellschaftlichen Miteinander bestimmt. Die Kausalkette, die sich aus Giddens' Strukturationstheorie ergibt, kann demnach wie folgt erweitert werden: (Kollektives) Handeln bildet erst jene Strukturen und Kulturen aus, die wiederum Grundlage für alles (weitere) Handeln sind.

Welche Herausforderung dies an die Akteure stellt, lässt sich spezifizieren, wenn man die Wesensart dominanter kultureller Prozesse beleuchtet.

2.2.4 Kreatives Gestalten kultureller Prozesse

Eine Reihe dominanter *kultureller Prozesse* wie z.B. Beschleunigung, Verwissenschaftlichung, Kommerzialisierung, Technisierung, Medialisierung und Digitalisierung prägen das gesellschaftliche Zusammenleben heute maßgeblich. Zwar führten sie intentional und in ihren Anfängen auch real zunächst zu einer Verbesserung der Lebensqualität, zu mehr Wohlstand und mehr Freiheitsräumen. Inzwischen kommen durch eine weitgehend ungebremste einseitige Übersteigerung zunehmend aber auch negative Auswirkungen (wie z.B. Überlastung, Überforderung oder Entfremdung) für viele Menschen zum Tragen. An Hand dieser *Pervertierung*[23] kultureller Prozesse lässt sich die vielfältige Krisenhaf-

23 Pervertierung „Verderben, Verfälschen, ins Gegenteil, ins Negative verkehren" lt. Duden [40]

tigkeit der kapitalistischen Weltordnung skizzieren. Sie können zugleich als wesentliche Ausdrucksformen und Treiber unserer heutigen nicht-nachhaltigen Gesellschaft verstanden werden [13, 21].

Diese kulturellen Prozesse offenbaren deutlich, dass ein opportunistisches Anpassungsoptimieren (vgl. Kapitel 2.2.1) kein Zukunftspotential hat, sondern *Gestaltungskompetenzen* gefragt sind, die pervertierte kulturelle Prozesse ausgleichen, rehabilitieren bzw. transformieren können [13]. Akteure, die dementsprechend als kreative Gestalter einer Kultur des guten Lebens agieren, können als *Kulturkreative*[24] verstanden werden.

2.2.5 Merkmale transformativen Handelns

Als *transformativ* in Richtung einer nachhaltigen Entwicklung können (wie zuvor dargestellt) nur solche wirtschaftlichen Praktiken gelten, die einerseits *innovativ* sind, d.h. durch kreative Neuerungen zu einer nachhaltigen Wirtschaft beitragen; während sie andererseits zugleich *exnovativ* wirken, indem sie zur Verdrängung nicht-nachhaltiger Praktiken beitragen. Dadurch wirken sie tendenziell *nonkonform* und *oppositionell*. Transformatives Handeln bewegt sich (bzw. reibt sich) an den kulturellen und institutionellen Grenzen der bestehenden Weltordnung und vermag dadurch die **Pfadabhängigkeiten** und ihre rekursiven Logiken zwischen bestehenden Strukturen und weiterem Handeln zu durchbrechen. Dies ermöglicht eine *kulturkreative Gestaltungskompetenz*, die in täg-

24 Eine Studie zur Bevölkerungssegmentierung des Soziologen Paul Ray und der Psychologin Sherry Anderson differenziert in Abhängigkeit vorherrschend ausgeprägter Wertemuster die Bevölkerungsgruppen *„Modernisten"*, *„Konservative"* und *„Kulturkreative"* bzw. neue Progressive. Letztere bildeten im Jahr 2000 laut der Studie (für die über einen Zeitraum von 13 Jahren insg. 100.000 US-Amerikaner befragt wurden) die am stärksten wachsende Werteszene in westlichen Industrienationen. *Kulturkreative* stehen für holistische und kreative Werte und zeichnen sich durch ein ausgeprägtes Umwelt- und Gesundheitsbewusstseins aus. Sie gelten in ihren sozialen Kreisen oftmals als Vordenker, die querdenkerisch alternative Handlungswege vorschlagen [41]. In Europa erfährt der Begriff in der Postwachstums- bzw. Degrowth-Bewegung seit einigen Jahren eine Renaissance [42].

licher Praxis Beiträge zum maßvollen Ausgleich pervertierter kultureller Prozesse in Richtung eines *guten Lebens* leistet.

2.3 Fundament und Gründungstiefe[25] des notwendigen Wandels

2.3.1 Der Auszug aus der Megamaschine als Fundamentalismus

Der zuvor erfolgte Einbezug der kulturellen Dimension hat verdeutlicht, dass die Große Transformation tiefgreifend, bis an das kulturelle Fundament der Gesellschaft gehen muss. Es geht nicht „um einen Wandel im *System*[26], sondern einen Wandel des Systems insgesamt." [32]. Auch diese Forderung ist nicht neu. Bereits der Politiker und sozialökologische Philosoph Rudolf Bahro, der in den Achtziger Jahren als DDR-Dissident bekannt wurde, erläutert in seinem 1987 erschienenen Buch *Logik der Rettung* die Notwendigkeit eines fundamentalen Wandels – man könne in Anlehnung an die Gründungstiefe von einem Wandel des Fundaments der Weltordnung sprechen [45]. Seine Ausführungen begründen sich auf dem Erleben des drohenden *Exterminismus*[27] zu Zeiten des Kal-

---

25 Der Begriff *Gründungstiefe* stammt aus den Geowissenschaften und gibt die Tiefe an, in der die lasttragenden Elemente eines Bauwerkes (Fundament oder tragende Säulen) die Last des Bauwerks an den Bodengrund (lat. *fundus*) übertragen [43].

26 Die kritische Haltung von Reinhard Pfriem aufgreifend, soll der Systembegriff so weit wie möglich vermieden werden, da das Sprechen über „das System" zu viel Raum für Ungenauigkeiten, Akteurs- und Verantwortungslosigkeit lässt. Friedrich Nietzsche brachte dies wie folgt auf den Punkt: „Ich misstraue allen Systematikern und gehe ihnen aus dem Weg. Der Wille zum System ist ein Mangel an Rechtschaffenheit." [44].

27 In Anlehnung an den Begriff des britischen Aktivisten Thompson aus der britischen Anti-Atomwaffen-Bewegung ist hiermit der Prozess der Auslöschung von Mensch und Ökosystemen gemeint [46]. In diesem Falle jedoch nicht durch die rasante Eskalation eines internationalen nuklearen Konflikts, sondern durch die schleichenden, aber perspektivisch ebenso zerstörerischen Mechanismen der kolonialisierenden Verbreitung des ökonomischen Minimalprinzips auf nahezu alle Lebensbereiche.

ten Krieges und der ökologischen Krise der 80er Jahre. Diese Krisen wie auch die nukleare Bedrohung[28] wurden in den letzten 30 Jahren keineswegs gelöst (vgl. Kapitel 2.1). So haben Bahros Ausführungen 20 Jahre nach seinem Tod (†1997) an Aktualität und Brisanz sogar noch gewonnen. Bahros Kritik richtet sich direkt gegen den modernen Industrialismus als gemeinsames Fundament der damals noch bipolaren Weltordnung aus westlichem Kapitalismus und dem (in seinen Augen) gescheiterten Realsozialismus. Der Industrialismus sei „nicht in erster Linie Kraftwerk, Stahl, Beton, Computer usw.", sondern der „alles übergreifende Machtkomplex", den der US-amerikanische Universalwissenschaftler Lewis Mumford als moderne *Megamaschine*[29] bezeichnet. Diese *Megamaschine* soll hier als Bündel aller aus der industriellen Weltordnung gewachsenen Pfadabhängigkeiten und somit als mächtiger Systemzwang verstanden werden, der sich mit jeder Handlung innerhalb seiner Logik weiter selbst reproduziert und vergrößert, und so langsam aber stetig zur „Selbstausrottung der Menschheit" führt. Um dieser zu entgehen, bedarf es laut Bahro einer neuen Form eines ökosozial und an langfristigen Interessen orientierten *Fundamentalismus,* einer radikalen „Politik der Umkehr". Diese müsse individuell mit einem „inneren Abschied von unserem zivilisatorischen Fundament" beginnen und in einer kollektiven Rückbesinnung auf das, was für das gute menschliche Leben auf der Erde fundamental sei, münde. Letztlich könne nur noch der radikale Ausstieg aus der industriellen Weltordnung Wirkung zeigen [45, 49]:

---

28 Noch immer bedrohen über 15.000 Atomwaffen (mehr als es braucht, um die komplette Erdoberfläche vollständig zu sterilisieren) den Fortbestand des Lebens auf der Erde. 1.800 Atomsprengköpfe befinden sich in ständiger Einsatzbereitschaft, Tendenz seit einigen Jahren wieder deutlich steigend [47].
Die nukleare Bedrohung wird seit der Wahl von Donald Trump vom *Bulletin of the Atomic Scientists* so hoch eingeschätzt wie zu Beginn der 80er Jahre. Es ist nicht mehr fünf, es ist 2,5 Minuten vor Zwölf [48].

29 In *Mythos der Maschine* skizziert Mumford die Entwicklungsgeschichte der westlichen Industrie-Zivilisation, die er als „technokratische Kultur" zerstörerischen Ausmaßes, als „globale Megamaschine" bezeichnet. [49].

„Wir müssen überhaupt aufhören, mitzuspielen, wo immer das möglich ist. Wir müssen allmählich alles lahmlegen, was in die alte Richtung läuft: Militäranlagen und Autobahnen, Atomkraftwerke und Flugplätze, Chemiefabriken und Großkrankenhäuser, Supermärkte und Lernfabriken. Lasst uns darüber nachdenken, wie wir uns unabhängig von der Großen Maschine nähren, wärmen, kleiden, bilden und gesund erhalten können. Beginnen wir, daran zu arbeiten, ehe sie uns vollends durchgesteuert, einbetoniert, vergiftet, erstickt und eher früher als später atomar total vernichtet hat." [...] „Wir müssen der Megamaschine die Nahrung, die menschliche Energie verweigern, statt sie mit dem Abwehrkampf von unten und mit regulativen Maßnahmen von oben sogar noch zu trainieren." Rudolf Bahro [45].

2.3.2 Kein Handeln trotz Wissen – Erziehung durch Krise als Chance?

Für Rudolf Bahro war die Dystopie der drohenden Selbstausrottung „im Grunde optimistisch", da er das Potential in ihr sah, dass sie in einen Umkehraufruf münden könnte. Das Problem dieser apokalyptischen Szenarien sah Bahro jedoch in ihrer narkotisierenden Wirkung. Die Masse reagiere mit einer passiven Angststarre auf die Bedrohungen nach dem Motto „das hält sowieso keiner mehr auf" [45].

Selbst wenn man sich auf die Aussagen der WCED [17] und Rudolf Bahro [45] beschränkt zeigt sich, dass die Notwendigkeit der grundsätzlichen Transformation schon vor 30 Jahren erkannt und kundgetan wurde. Doch trotz der Verfügbarkeit des Wissens ist ein Umkehrverhalten im Mainstream ausgeblieben. Der deutsche Ökonom, Psychiater und Club of Rome Mitglied Prof. Dr. Stefan Brunnhuber stellt angesichts dessen fest, dass die kognitive Einsicht allein nicht ausreicht, um gesellschaftliche Transformation anzuregen. Stattdessen laute die entscheidende Frage: „Wann tut es genug weh?" [27]. So geht in *Logik der Rettung* auch Bahro davon aus, dass sich die Menschen erst dann, wenn sie sich in ihrem Selbsterhaltungstrieb real bedroht fühlten, auf alternative

Verhaltensweisen einlassen würden [45]. Auch der „Alternative Nobelpreisträger" und Quantenphysiker Hans-Peter Dürr (†2014) rechnet mit der Wirksamkeit der „Erziehung durch Katastrophen" und hegt die Hoffnung, dass die Menschheit, „in letzter Minute und höchster Gefahr doch noch eine erfolgreichere, wirklich intelligente Gegenstrategie" entwickeln könne [30]. Von der Überwindung innerer Konflikte (*Katharsis*) in der Psychologie, über die Veränderung des Konsumverhaltens in der Konsumforschung[30] bis hin zur Erhöhung von Biodiversität und Ökosystemstabilität in der *Intermediären Störungshypothese* der Ökologie[31] – das kreative Potential von *Krisen als positiver Irritationsmoment* ist quer durch die Wissenschaften bekannt. In der Transformationsforschung wird sie als Möglichkeit zur bewussten Reflexion und somit Veränderung tradierter Handlungsmuster begriffen [22]. Selbst Milton Friedman, einer der führenden Vordenker der Mainstreamökonomie, ist der Gedanke nicht fremd: „Only a crisis—actual or perceived—produces real change." [52]. Demnach kann eine *Logik der Rettung* tatsächlich ein Leitmotiv transformativen Handels sein.

2.3.3 Paradigmen als geistiges Fundament der Weltordnung

In ihrer Theorie zum systemischen Wandel fasst die US-Umweltwissenschaftlerin Donella H. Meadows[32] die Ziele, Strukturen, Laufzeiten und Prinzipien sozialer Systeme als Ergebnis des vorherrschenden „mind-sets" bzw. Paradigmen zusammen. Paradig-

---

30 Schäfer et al. beschreiben den Einfluss einschneidender (insb. positiver) Lebensereignisse wie z.B. Kindesgeburt auf die Veränderung des Konsumverhaltens in Richtung nachhaltigen Konsums [50].

31 Die „mittlere Störungshypothese" besagt, dass Störereignisse in Ökosystemen bis zu einer mittleren Intensität für die Biodiversität und Ökosystemstabilität sogar förderlich sind [51].

32 Sie ist auch eine der maßgeblichen Verfasserinnen der Studie *The Limits to Growth* [53], die einen entscheidenden Grundstein für den globalen Nachhaltigkeitsdiskurs legte. Siehe Fußnote 6 am Anfang des Buches.

men sind die geistigen Quellen aller sozialen Systeme (einschließlich der ökonomischen) [54]. Es sind jene „Denkmuster (griech., *deigma* = Muster), die das wissenschaftliche Weltbild einer Zeit prägen.“ [55]. Anerkennt man die „grundsätzlich verleugnete *performative Wirkung* des wissenschaftlichen Mainstreams“ [3], wird sichtbar, dass Paradigmen nicht nur Denkmuster, sondern Schöpfungsgrundlage der jeweiligen Weltordnung sind. Demnach beeinflusst die Wissenschaft die Welt, die sie erforscht, schon mit der Art und Weise, wie sie Wissen schafft, vor allem dadurch, von welchen Prämissen und Theorien sie ausgeht und in der Folge verbreitet. Der Ablösung der bestehenden Weltordnung muss also notwendigerweise ein *Paradigmenwechsel* – ein grundlegender Wandel bestehender Denkmuster – vorangehen [56].

Aber nichts ist schwerer zu verändern als ein gesellschaftlich verbreitetes und überall vorherrschendes Paradigma. Bei einem Paradigmenwechsel verändert sich grundlegend das vorherrschende *Weltbild* – also die Wahrnehmung und Deutung der Realität. Die Wissenschaftler (und wegen ihrer performativen Wirkung früher oder später auch die anderen Menschen) haben es danach mit einer anderen Welt zu tun. In Anbetracht des Wirkens von z.B. Kopernikus, Albert Einstein oder Adam Smith zeigt die Geschichte einige Beispiele von derartigen Paradigmenwechseln. Diese haben sich immer dann durchgesetzt, wenn ein altes Weltbild in eine grundsätzliche Rechtfertigungskrise geraten war [54].

2.3.4 Wirtschaft neu denken als Fundament transformativen Wirtschaftens

> „Some of the most powerful current economic ideas—like 'gain' being the prime human motivation, 'utility' a good measure for well-being and 'capital' a useful container term for everything that might be needed in production processes—were once radically new and far from common sense. They were integral components of the massive paradigm shift that has been called the Enlightenment Movement.“ Maja Göpel [22]

Der letzte prägende wirtschaftswissenschaftliche Paradigmenwechsel wurde im Zuge der Aufklärung erheblich von dem schottischen Moralphilosophen Adam Smith geprägt. Durch Smith fand die Idee Verbreitung, dass die Maximierung des Eigennutzens zum Wohl der Gemeinschaft beitrüge [54][33]. Auf diesem Kerngedanken reifte später die neoklassische Ökonomie, deren Grundideen, Handlungslogiken und Prämissen (performativ) bis heute die bestehende kapitalistische Wirtschaftsordnung und damit die bestehende Weltordnung prägen. Darunter das erwerbswirtschaftliche (Minimal-)Prinzip, das Menschenbild des rationalen Nutzenmaximierers (Homo Oeconomicus) und die Rechtfertigung ungezügelten und profitmaximierenden Privatwirtschaftens. Diese Grundideen führten zu völlig neuen Formen des Denkens über Produktion und Arbeit wie auch der Arbeitsorganisation. So erklärte der US-Ingenieur und Begründer der „Arbeitswissenschaft" Frederick W. Taylor, dass die Einführung seines „Scientific Managements" einer „vollständigen mentalen Revolution" gleichkäme [58]. Die so eingeschlagene Richtung der immer stärkeren Rationalisierung und kleinschrittigen Arbeitsteilung führte zur (entscheidend durch neoklassische Ökonomen beeinflussten) industriellen Revolution. Diese wiederum brachte wirtschaftlichen Erfolg und Wohlstand (in die westlichen Industrienationen) [59].

Im Rahmen dieser Entwicklung, so kritisiert schon Karl Polanyi, sei es zu einer schwerwiegenden Dominanz und Verselbständigung der wirtschaftlichen Denk- und Handlungspraktiken gekommen und somit zu einer kolonialisierenden Ökonomisierung der meisten anderen Lebensbereiche wie Kultur, Freizeit und Wissenschaft[34] [20, 22, 27]. Und genau diese kolonialisierende Ver-

33 In Seinem Werk *Der Wohlstand der Nationen* (erschienen 1776) vertritt Smith die Meinung, dass ein volkwirtschaftliches Optimum – wie durch *unsichtbare Hand* gelenkt – erreicht würde, wenn jeder Marktteilnehmer nach seinem eigenen Optimum strebt (also rational-egoistisch handelt) [57].

34 Der kulturelle Prozess der Kommerzialisierung (vgl. Kapitel 2.2.4) greift derweil in fast alle Lebensberieche ein und führt so z.B. zur Privatisierung von lebenswichtigen Gemeingütern. Es beginnt ein Handel mit Gütern und Dienstleistungen, die

selbständigung des Ökonomischen ist ein wesentlicher Wirkungsmechanismus der industriell-kapitalitschen *Megamaschine*.

Die Ökonomin, Philosophin und Mit-Gründerin der Cusanus-Hochschule Prof. Dr. Silja Graupe nennt dies einen „zum Sachzwang mutierten Mechanismus[35] der monokulturellen Doktrin und Expansion neoklassischer ökonomischer Prämissen und Logiken" [61]. Durch diesen ist das rein ökonomische, vorwiegend auf die private Gewinnmaximierung ausgerichtete Denken zum Dogma wirtschaftlichen Handelns geworden. So angedeutet[36] ist es die Wesensart eines (im Mainstream noch verbreiteten) wirtschaftswissenschaftlichen Paradigmas, das im Folgenden und in Anlehnung an den US-Milliardär George Soros als *Marktfundamentalismus*[37] bezeichnet werden soll [66, 67].

Dieser Marktfundamentalismus wird in den MBA-Kursen renommierter Wirtschafts-Hochschulen weiterhin reproduziert. Dabei werden soziale und ökologische Dimensionen monetär quantifiziert und in den mechanistischen Denkrahmen der Geldvervielfältigung gezwängt. Dies haben auch zwei „Alternative Nobelpreisträger" unterstrichen: Der Ökonom Leopold Kohr kritisierte, dass die Mathematisierung der Ökonomie zu mehr Dunkelheit als Erhellung geführt habe [68]; und der Quanten-Physiker Hans-Peter Dürr sagte in einem Vortrag zwei Jahre vor seinem Tod (2014), dass der Marktfundamentalismus zur einer „Verstümme-

---

zur Erhaltung ihres natürlichen inhärenten Wertes nicht handelbar sein sollten, was mit Ungerechtigkeit und Korruption einhergeht [60].

35 Silja Graupe schreibt: „Wir denken *mit* ihm [dem Markt] über Wirtschaft und Gesellschaft nach, ohne je *über* ihn nachzudenken. Er bestimmt im Verborgenen die Vorannahmen unserer wirtschaftlichen Vernunft, ohne je umgekehrt von ihr hinterfragt zu werden. Damit legt er fest, was uns überhaupt als interessantes Problem oder relevante Fragestellung im Bereich des Wirtschaftlichen – und mittlerweile auch des gesamtgesellschaftlichen Lebens – erscheinen kann." [61].

36 Eine ausführliche Definition und Beschreibung des vorherrschenden wirtschaftlichen Paradigmas ist in den Veröffentlichungen von Silja Graupe [61–64] und dem Wirtschaftsethiker Karl-Heinz Brodbeck [65] zu finden.

37 Laut Soros sind Marktfundamentalisten Menschen, die „glauben, dass Märkte ein Gleichgewicht anstreben und dass dem Allgemeinwohl am besten gedient ist, wenn man den Teilnehmern erlaubt, ihre Eigeninteressen zu verfolgen." [66].

lung der Realität" führe [69]. Deutlich wird: Der Mainstream-Ökonomie fehlt die Möglichkeit, den Menschen mit seinen vielfältigen Bedürfnissen und die Ökosysteme in ihren Möglichkeiten der Ressourcenerneuerung hinreichend zu modellieren. Ganzheitlich nachhaltige Handlungspraktiken lassen sich daraus nicht ableiten.

Der Weg, den für viele bestehenden Sachzwang des Marktfundamentalismus abzulösen, muss damit beginnen, den Markt wieder als das zu verstehen, was er einmal war: „Ein Denkmodell, eine Gewohnheit des Geistes, die das Denken formt, ihm Richtung und Gestalt gibt, noch bevor eine Beobachtung, eine Anschauung zu ihrer Bestätigung herangezogen wird" [65]. Dazu ist es notwendig damit aufzuhören, das etablierte ökonomische Denken für selbstverständlich zu halten, so als wäre es ein Naturgesetz [7]. Wir dürfen nicht länger in die Falle tappen, das Ökonomische als etwas unverrückbar Objektives zu missverstehen, das nach einer ehernen (gar binär codierten) Funktionslogik operieren würde. Nein, die bestehende Wirtschaftsordnung ist nicht sui generis gegeben, sondern das Ergebnis imaginärer gesellschaftlicher Bedeutungszuweisungen – und somit durch die Zuweisung neuer, anderer Bedeutungen veränderbar [37]. Bei der Großen Transformation zur Nachhaltigkeit muss es demnach um die zukunftsgerichtete Rückgängigmachung der marktfundamentalistischen Denkweise gehen [32].[38]

Mit den Worten von Hans-Peter Dürr braucht es für diese Ablösung des materialistisch-mechanischen, neoklassischen Weltbildes

---

38 Der WBGU stellt in Anlehnung an Polanyi [20] zwar fest, dass sich Grundeinstellungen und Abwägungsprozesse, die in erster Linie vom Ziel der persönlichen Nutzenmaximierung bestimmt werden, zum paradigmatischen Wertehorizont etabliert haben. Die Vorschläge, diesen zu verändern, lassen hingegen die tiefe kulturelle Verwurzelung und seine bis ins Kognitive reichenden Pfadabhängigkeiten unberührt. Somit scheitert der WBGU daran, Vorschläge dazu zu machen, wie der notwendige Werte- und Kulturwandel implementiert werden kann, was sowieso unmöglich ist, wenn das zugrundeliegende Paradigma nicht in Frage gestellt werden darf [22].

von jedem Einzelnen eine „neue Weise zu denken" und für die Gesellschaft „eine *neue Aufklärung* geistig-kultureller Art" [30, 69].

Silja Graupe nennt dies „ein fundamentales Umdenken, das bis tief in die Schichten des scheinbar Selbstverständlichen und Unhinterfragten rührt", ja, es geht um „grundsätzlich andere Formen des Erkennens" [63].

Die gute Nachricht: Dieser Paradigmenwechsel hat bereits begonnen [22]. Immer mehr Wissenschaftler verwerfen das *Menschenbild* des Homo Oeconomicus. Dieser existiere nur in der Imagination neoklassischer Ökonomen [63] bzw. als „psychosoziale Anomalie" bei fünf Prozent deutlich ungesunder Mitbürger [26].

2.4 Transformative Unternehmen als Pioniere des Wandels

2.4.1 Welche Eigenschaften haben Pioniere der Transformation?

Eine transformative Wissenschaft ist verpflichtet, einen hinreichend konkreten Akteursbezug herzustellen.[39] Im Zuge der Ergründung der gedanklichen Fundamente des Wandels stellt sich somit die Frage nach den Schlüsselakteuren: Wer sind die Ausführenden des transformativen Handelns? Wer sind die Gestalter des fundamentalen Wandels, der zur nachhaltigen Entwicklung führen soll?

Die niederländischen Transitionmanagement-Forscher John Grin, Jan Rotmans, Johan Schot und Frank Geels [39] betonen, dass es für das Gelingen einer umfassenden Systemtransformation des Zusammenwirkens aller Akteure einer Gesellschaft bedarf. Laut

---

39 Reinhard Pfriem stellt klar: Eine Wissenschaft, die sich ihrer performativen Wirkung bewusst ist und den Wandel bzw. die Neukonfiguration gesellschaftlicher Fundamente nicht nur beobachtend beschreiben, sondern diesen auch unterstützen will, muss hinreichend konkret den Problemen und Akteuren folgen [70].

WBGU sind dabei Pioniere von ganz besonderer Bedeutung, die in Marktnischen und Experimentierräumen *alternative Geschäftsmodelle entwickeln und erproben*[40] [18].

> „Auf dem Weg zu einer nachhaltigen Wirtschaft und Gesellschaft *gehen Pioniere voran, überzeugen* durch Best-Practice-Beispiele [...] und *motivieren durch ihr Vorbild* andere, beharrlich zu sein und sich auch von Hemmnissen oder gelegentlichen Rückschlägen *nicht entmutigen zu lassen.*" B.A.U.M. e.V. [71].

Vorbilder und Pioniere bewegen die Gesellschaft, da sie jenseits „missionarischen Eifers und monetärer Motivation [...] und nicht mit Wissen, Dogmen und Statistiken, sondern durch die *Kraft der Stimmigkeit*" ihres Handelns überzeugen. Sie machen das Richtige *uneigennützig* vor – mit dem notwendigen *Mut, sich gegen Routinen und den Zeitgeist zu stellen*. Sie sind dazu in der Lage, weil sie stets *bereit sind zu lernen*.[41] [72].

Vom Mainstream-Ökonomen bis zum Postkollaps-Theoretiker stimmen führende Zukunftsdenker darin überein, dass in Transformationsprozessen die Zukunft entscheidend durch jene Ideen geprägt wird, die zum Zeitpunkt des Umbruchs bereitliegen [52, 73]. Diese Ideen werden entwickelt und erprobt von Pionieren. Sie sind Vorbilder, die alternative gesellschaftliche Handlungsmöglichkeiten aufzeigen, die nicht auf eine Zerstörung unseres Planeten hinauslaufen – und zwar nicht nur in der Theorie, sondern auch in der Praxis. Damit sind sie Wegweiser in eine lebenswerte Zukunft [74].

Aus dem Vorangestellten lassen sich folgende typische Eigenschaften ablesen, die Pionieren zugesprochen werden: Initiativkraft, Kreativität, Motivationsstärke, Überzeugungskraft, Durchsetzungsfähigkeit, Beharrlichkeit, Authentizität, Selbstlosigkeit,

---

40 In diesem Kapitel kursiv gesetzt sind Eigenschaften die von verschiedenen Autoren Pionieren und Vorbildern zugeschrieben werden.

41 Auf die Bedeutung der Bereitschaft und Fähigkeit zur Selbstveränderung wird in Kapitel 2.5.2 näher eingegangen.

Mut zu Antikonformismus, Lern- und Entwicklungsfähigkeit. Zusammengefasst sollen diese Qualitäten als *Pioniergeist* bezeichnet werden.

2.4.2 Wirkungsdimensionen transformativer Unternehmen

Als „privatwirtschaftliche Pioniere des Wandels" sind Unternehmen die Schlüsselakteure der Großen Transformation, denn sie entwickeln „betriebstechnische Innovationen, um mit besseren und neuen Produkten Marktanteile zu erhöhen und Gewinne zu erzielen" [18]. Bei dieser Beschreibung des WBGU offenbart sich das von der neoklassischen VWL geprägte „Bild vom Unternehmen als Anpassungsoptimierer", das die Perspektive einer grundlegenden Transformation eher verstellt. Natürlich können auch Unternehmen nachhaltigkeitsrelevante Innovationen verbreiten, um aber „sinnvoll von *transformativen Unternehmen* sprechen zu können", müssen andere Qualitäten hinzukommen [21]:

> „Als sozial-ökologische Pionierunternehmen möchten transformative Unternehmen grundlegende Veränderungen in Richtung Nachhaltigkeit erreichen – und so in der Zukunft zu einem neuen Mainstream werden. Hierfür schaffen sie zum einen die internen, also organisationalen und unternehmenskulturellen Voraussetzungen. Zum anderen engagieren sie sich für die Gestaltung ihres Umfelds." Scholl & Mewes [75].

Unternehmen können erst dann zu den transformativen Pionieren des Wandels gerechnet werden, „wenn sich in der Verfolgung ihrer Interessen eine *Gemeinwohlorientierung* erkennen lässt" [18]. Sie sind damit Teil eines neuen, ganzheitlicheren Typus von Unternehmen, die *einseitig verabsolutierte Renditeorientierung* herkömmlicher Unternehmen durch ein explizit *gesellschaftsorientiertes Verständnis von Unternehmertum* ablösen. Sie unterscheiden sich von Unternehmen des herkömmlichen Modells dadurch, dass an Stelle der Gewinnmaximierung das Prinzip eines Gewinns unter Nebenbedingungen tritt. Und, statt nur die Notwendigkeiten zu beachten, die sich aus den ökonomischen und technologischen Unternehmensumwelten ergeben, streben sie das (harmonische) Zusammenwirken mit den Bedürfnissen ihrer gesellschaftlichen und natürlichen Umwelt an [21, 59]. Solche Unternehmen orientierten sich nicht allein an den Ansprüchen der Kapitalgeber (Shareholder), sondern an allen *Stakeholdern.*[42] Dieser Zusammenhang ist in Abbildung 1 dargestellt.

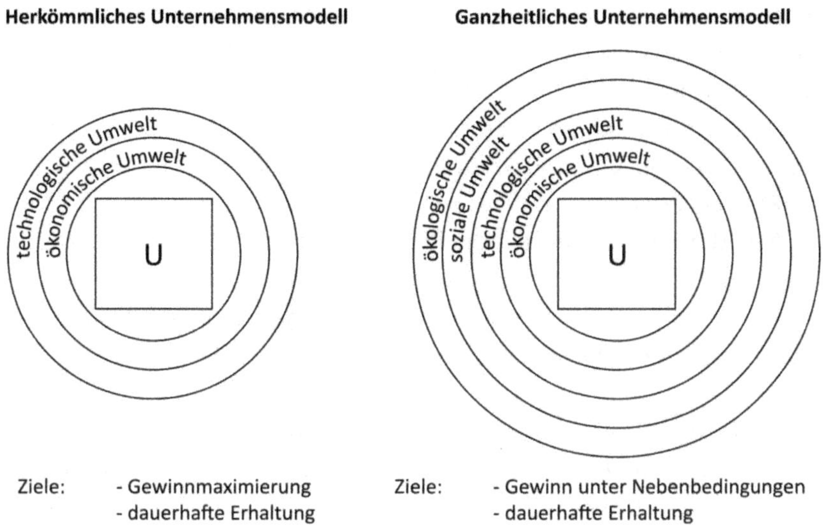

Abbildung 1: Ablösung des herkömmlichen durch ein ganzheitliches Unternehmensmodell. Eigene Darstellung in Anlehnung an Rolf Dubs [59].

Transformative Unternehmen gehen bei der *Abkehr vom gewinnmaximierenden Denken* und Handeln voraus und spielen auch bei der *Überwindung des Marktfundamentalismus* eine Schlüsselrolle, in dem sie dem Ökonomischen neue Bedeutungen zuweisen [37].

42 Zu den Anspruchsgruppen (Stakeholdern) einer Unternehmung gehören z. B. Mitarbeitende, Lieferanten, Kunden, Staat, NGOs, Medien, nachfolgende Generationen.

Weitere konstitutive Qualitäten transformativen Unternehmertums ergeben sich aus den zuvor abgeleiteten Ausprägungsbedingungen transformativen Handelns (Kapitel 2.2):

Schon die herkömmliche Unternehmung birgt ein Transformationspotential, weil sie als zentraler Akteur zugleich Teil wie auch Treiber des (den Kapitalismus ausmachenden) Prozesses der schöpferischen Zerstörung ist. Transformative Unternehmen betreiben sowohl *Innovation wie Exnovation*, verfolgen aber radikalere Konzepte nachhaltigen Innovationsmanagements als herkömmliche Unternehmen und legen bei der Exnovation den Fokus auf den Abbau nicht-nachhaltiger Praktiken und Kulturen. Eine besonders hohe transformative Wirkung entsteht, wenn die Produkte, Dienstleistungen oder Geschäftsmodelle *disruptiv, das heißt struktur- und marktverändernd* sind [13, 75].

Aus dem kontinuierlichen Prozess der schöpferischen Zerstörung ergibt sich wiederum für alle Unternehmen ein Weiterentwicklungszwang, der passives, reaktives oder anpassendes Unternehmenshandeln langfristig ausschließt. Um in Zeiten sich rasant wandelnder Unternehmensumwelten und zahlreicher, teils widersprüchlicher Stakeholderansprüche bestehen zu können, ist die *Entwicklungsfähigkeit* für den Unternehmenserfolg inzwischen von höherer Bedeutung als ein Handeln rein nach dem ökonomischen Prinzip [12]. Transformative Unternehmen zeichnen sich somit durch eine *Fähigkeit zur radikalen Selbstveränderung* aus [21].[43] Sie zeigen zudem keine Scheu vor *nonkonformen und oppositionellem Verhalten*, sondern „den Mut zu einem Wandel, der Gewinner und Verlierer erzeugt" [77].

Transformative Unternehmen sind sich ihrer *kulturellen Situiertheit* bewusst. Anstatt sich in der rekursiven Logik kultureller Pfadabhängigkeiten primär als Kulturprodukt zu verstehen und somit

43 Entwicklungsoffenheit und Selbstveränderungskompetenz werden auch in der Managementkybernetik als entscheidende Voraussetzungen langfristiger organisationaler Fitness dargestellt [76].

als Anpassungsoptimierer zu verhalten, sind sie „Kulturproduzenten" die *kulturkreativ Pfadabhängigkeiten umgestalten* – und zwar in Richtung eines nachhaltigen, guten Lebens [13, 37]. Dazu gehört auch, dass sie ihre *transformativen Ansätze nach innen und außen kommunizieren*, um auch durch ihre *Vorbildwirkung* gesellschaftlichen Wandel anzustoßen [75].

Weitere *zehn Wirkungsdimensionen* eines transformativen Unternehmertums, deren Entfaltung für den angestrebten kulturellen Wandlungsprozess bedeutsam sind, benennen die Oldenburger Nachhaltigkeits-Ökonomen Pfriem, Antoni-Komar & Lautermann [21]:

1. Sowohl was sie selbst als auch ihre Stakeholder angeht, fördern transformative Unternehmen die *Selbstermächtigung und ein Selbermachen*, wodurch sie hierarchische Machtkonstellationen der Fremdversorgung abzulösen versuchen.
2. Im dafür notwendigen partnerschaftlichen Austausch mit Kunden bzw. Nutzern setzen sie auf *gegenseitiges Lernen und Befähigung*.
3. In Abwendung von ausschließender Konkurrenz setzen sie auf die *Bildung kooperativer Wirtschaftsgemeinschaften*, in denen Gemeinschaftsnutzung und Teilen praktiziert wird.
4. Dies reicht bis zur direkten *Beteiligung am materiellen Unternehmenserfolg*.
5. Primär auf die Verbesserung der Lebensbedingungen der Nutzer ausgerichtet, fördern transformative Unternehmer sogenanntes *Prosumententum*[44] und stärken so die Subsistenz ihrer Kunden.

---

44 Prosumenten (Kofferwort aus Produzent und Konsument): Konsumenten beteiligen sich als Co-Produzenten an der Wertschöpfung bzw. übernehmen diese wieder selbst. Dabei werden Kompetenzen kultiviert, die im Zuge vollständiger Fremdversorgung zunehmend in Vergessenheit geraten sind.

6. Auch über den Akt des Konsumierens hinaus bieten transformative Unternehmen ihren Stakeholdern *Möglichkeiten, sich für Nachhaltigkeit zu engagieren.*
7. Transformative Unternehmen unterliegen *keinem Wachstumszwang,* was nicht heißt, dass sie nicht wachsen können.
8. Wo nötig, geben sie *Raum zur Entschleunigung,* z.B. durch bedürfnisorientierte Formen der Arbeitsorganisation.
9. Abhängigkeiten von internationalen Wertschöpfungsketten werden zu Gunsten des *Aufbaus regionaler bzw. lokaler Wirtschaftskreisläufe* soweit wie möglich eingeschränkt.
10. Statt Flächenfraß und Biodiversitätsverlust voranzutreiben, arbeiten transformative Unternehmen an der *Renaturierung und Stärkung von Biodiversität.*

2.4.3 Transformative Unternehmen zwischen Nische und Mainstream

Transformative Unternehmen finden sich bisher überwiegend in Form neuer unternehmerischer Initiativen am Rande der Gesellschaft (z.B. solidarisch finanzierte Landwirtschaftsgemeinschaften). Es sind oftmals graswurzelartige Emanzipationsbestrebungen gemeinschaftsbasierter (z.B. genossenschaftlich organisierter) Ökonomieformen, die Alternativen zur fremdversorgten Marktwirtschaft etablieren [31]. Die Multi-Level Perspektive (MLP) der niederländischen Transitionmanagement-Forschung verdeutlicht die Bedeutung derartiger Nischenakteure für gesellschaftliche Transformationsprozesse. Nischeninnovationen aus Randgruppen der Gesellschaft (Mikro-Ebene in der MLP) können den Mainstream umgestalten, wenn sie sich im soziotechnischen Regime (gesellschaftliche Meso-Ebene) als tauglich erweisen. So galt in der wirtschaftswissenschaftlichen Transformationsforschung zuletzt[45]

45 Als wegweisend können hier die BMBF-geförderten Forschungsprojekte „Engeno" (zum Transformationspotential von Energiegenossenschaften) und „nascent" (über transformative Wirtschaftsformen in der Ernährungswirtschaft) gesehen werden.

Nischenakteuren ein besonderer Fokus. Die Große Transformation fordert aber alle gesellschaftlichen Akteure, also auch jene, die auf der Meso-Ebene des soziotechnischen Regimes – also innerhalb der herkömmlichen Weltordnung agieren [39]. Unternehmen, die die bestehende Wirtschaftsordnung von innen heraus transformieren wollen, sind sogar von besonderer Bedeutung, denn oftmals hängt die Diffusion von Nischeninnovationen von der Adaption und Unterstützung von Pionieren ab, die im Mainstream agieren [22]. So besitzen beispielsweise Familien- und/oder stiftungsgeführte Unternehmen am Rande des Mainstreams Handlungsmöglichkeiten, die weder börsenorientierten Unternehmen, noch kleinen Bürgerinitiativen zur Verfügung stehen [24]. Zugleich kann man selbst konservativen, gewinnorientierten Unternehmen wie McDonalds ein gewisses Transformationspotential nicht absprechen[46], da sie wiederum die Möglichkeit besitzen, Kapital und Investitionen für umfassende ökologische Umbauprozesse zu mobilisieren, die für kleine und mittelständische Unternehmen kaum zu leisten sind [24]. Es wäre also falsch, das (durch den Prozess der schöpferischen Zerstörung) genuine Transformationspotential der (noch-)kapitalistischen Unternehmungen nicht zu nutzen [37]. Selbst Rudolf Bahro bezeichnet das Szenario einer ökologischen Wende, die von Akteuren getragen wird, „deren Verwurzelung im Traditionellen und deren konservative Neigungen außer Zweifel stehen" als das aussichtsreichste Szenario. Er schrieb:

> „Es wird spannend, ob sich bei der außerordentlichen Gelegenheit, die die ökologische Krise bietet, doch konservative Kräfte finden, die den (materiellen) Fortschritt nicht vorantreiben, sondern abbremsen und darauf setzen wollen, die menschliche Substanz zu bewahren."
> Rudolf Bahro [45]

46 Diese sind aber – schon wegen ihrer primären Gewinnorientierung – keine transformativen Unternehmen.

Auch Niko Paech umreißt seine Postwachstumsökonomie nicht als Ende der Industrie, sondern schlägt (neben Subsistenzwirtschaft und lokal-solidarischen Ökonomieformen) die Halbierung der industriellen Produktion vor [23]. Transformative Unternehmen müssen somit nicht zwingend lokale Nischenakteure sein. Insofern sie den oppositionellen Grenzgang zum soziotechnischen Regime wagen, können transformative Unternehmen auch „Großunternehmen, mittlere und kleine Unternehmen wie auch Startups sein." [75]. Was Großunternehmen angeht, sollten jedoch die Ausführungen zur „kritischen Größe" des „Alternativen Nobelpreisträgers" und Ökonoms Leopold Kohr berücksichtigt werden, der vor Überdimensionierung moderner Wirtschaftssysteme warnt [68, 78]. Entscheidend ist, dass transformative Unternehmen an den Grenzen des Mainstreams agieren, also noch innerhalb der bestehenden Wirtschaftsordnung, die sie mit ihrem pionierartigen Handeln transformieren wollen. An dieser Stelle wird erneut das Potential ihrer Vorbildfunktion deutlich. Indem sie aus der bestehenden Weltordnung heraus agieren, beweisen sie die noch allzu häufig angezweifelte Machbarkeit einer konsequent nachhaltigen Wirtschaftsweise [75].

2.5 Geistige Grundlagen transformativer Unternehmensführung

Nimmt man die Forderung nach klarem Akteursbezug von Reinhard Pfriem [70] auf tieferer Ebene ernst und begibt sich entsprechend der Forderung von Silja Graupe auch auf die Suche nach der „menschlichen Geschichte hinter den Dingen"[47], so stellt sich die

47 Die Bernkastell-Kueser Ökonomin, Philosophin und Hochschulgründerin Prof. Dr. Silja Graupe führt die Entmenschlichung der Ökonomie auf ihre Verwurzelung in der distanziert-deskriptiven wissenschaftlichen Denkweise zurück. Diese kann überwunden werden, indem man die „menschliche Geschichte hinter den Dingen" wieder in den Fokus rückt [79].

Frage nach dem Menschen, der hinter der (transformativen) Unternehmung steht.

2.5.1 Unternehmergeist und Führungsaufgabe

> „Echte Führungsnaturen mit Visionskraft und strategischem Willen prägen und prägten schon immer unser Wirtschaftsleben." Knut Bleicher [55]

Im Schumpeter'schen Sinne stand und steht hinter der kapitalistischen Unternehmung zunächst die Unternehmerpersönlichkeit (der *Entrepreneur*), der kreativ gestaltungsfreudig Neues in die Welt bringt, indem er Kapital und Ressourcen so organisiert, dass es in Wertschöpfungsprozessen produktiv ist. Dabei schafft er Arbeitsplätze, anstatt sie freizusetzen. „Es ist der *Geist des Unternehmers*, der sich den Körper des Betriebes baut", wie der deutsche Betriebswirt Mellerowicz in Anlehnung an das bekannte Schiller-Zitat[48] schreibt [81]. Die Entrepreneurship-Forschung zergliedert diesen *Unternehmgeist* in eine Reihe von Kompetenzen und Persönlichkeitseigenschaften, wie z.B. Problemlösungsorientierung, Risikofreudigkeit, Antriebsstärke, Belastbarkeit, Durchsetzungsvermögen und Anpassungsfähigkeit [82]. Diese konstituieren eine jede Unternehmung.

Insbesondere in herkömmlichen Unternehmen wurde und wird das Bild des Schumpeter'schen Entrepreneurs, der eigenverantwortlich seine Unternehmung leitet, durch angestellte *Manager* also „beauftragte Unternehmerpersönlichkeiten" abgelöst [81]. Ihre Aufgabe ist das *Management* (lat.: in den Griff nehmen), also die Unternehmensführung bzw. -leitung. Dabei handelt es sich um eine reflexive Gestaltungspraxis, die die grundsätzliche Kontingenz und Unsicherheit von Organisation und Umwelt als Gestaltungsaufforderung begreift. In einem Prozess der kommunikativen Auseinandersetzung mit dem ganzen Unternehmensumfeld

48 „Es ist der Geist, der sich den Körper baut." Friedrich Schiller in Wallensteins Tod, Kap.13 [80].

kreiert, verhandelt, bewertet und realisiert das Management immer wieder neue Möglichkeiten und transzendiert kontinuierlich das Bestehende. Besonders wichtig dabei ist die menschengerechte Gestaltung der Arbeit, die sowohl physische wie seelisch-geistige Bedürfnisse und Eigenheiten des Menschen berücksichtigt [81, 83].

> „Ein Unternehmen ist meist so gut oder so schlecht, wie es seine Führung ist: ob die Person oder die Personen an der Spitze des Betriebes unternehmerische Fähigkeiten und starken Willen, Initiative und Phantasie, Entschlusskraft und Organisationsfähigkeit besitzen, vor allem aber die Fähigkeit, Menschen zu führen, auch Menschen mit hohem fachlichen Können, die ihnen im Detailwissen überlegen sind." Konrad Mellerowicz [81]

An der Frage, ob unternehmerischer Geist und seine Qualitäten – inklusive der Übernahme unternehmerischer Verantwortung – in Teams auf mehrere Schultern verteilt werden kann, offenbart sich erneut ein bereits begonnener Paradigmenwechsel: So wird noch gelehrt, „dass Pionierleistungen eher das Werk von einzelnen, herausragenden Persönlichkeiten als von Teams sind" [84].

> „Ein Team ist sicher eine sehr wertvolle Einrichtung, aber nur, solange ihm ein energischer und kluger Kopf vorsteht, der zu koordinieren versteht. Man wird nie einen Unternehmer durch ein Team ersetzen können. Das wird nur solange gut gehen, wie das Unternehmen von den Leistungen desjenigen zehren kann, der es nach vorn gebracht hat. Das ist keine bloße Meinung, sondern eine Erfahrung." Konrad Mellerowicz [81]

Demgegenüber sind sich führende Organisationsentwickler heute einig, dass Teams, die jenseits klassisch-hierarchischer Organisationsformen das Management in partizipativer Selbstverwaltung übernehmen, der Zukunftstrend sind [85, 86]. Doch unabhängig davon, ob sie von einem Entrepreneur, einem Manager oder einem Team getragen wird – die Aufgabe der Unternehmensführung bleibt bestehen.

Aus dem Vorangestellten ergibt sich, dass die nachhaltigkeitsorientierte, transformative Unternehmensführung ein Management ist, das auf die zuvor spezifizierten Wirkungsdimensionen ausgerichtet ist und somit auch die kulturelle Situiertheit der Unternehmung integriert. Das bedingt zugleich, dass ein solches Management nicht stringent den Theoretikern und Praktikern folgen kann, die zu Beginn des 20. Jahrhunderts die Regeln und Konventionen des ‚modernen' Managements erfanden. Denn auch im Denken und Handeln des herkömmlichen Managements muss ein grundlegender Paradigmenwechsel stattfinden. Transformatives Management räumt dem Streben nach Effizienz nicht mehr Vorrang vor allen anderen Zielen ein [87].

5.5.2 Normatives Management als Bezugsrahmen

Die Postmoderne war und ist eine Zeit rapider Veränderung, die von Superlativen, strukturellen und konjunkturellen Umbrüchen, also von extremer Unsicherheit geprägt ist [55, 87]. Für das Management ergibt sich daraus das Bedürfnis nach einem langfristig sicherheitsgebenden Orientierungsrahmen. Dieser kann durch den eben erwähnten grundlegenden Paradigmenwechsel im Management erreicht werden [55]. Das Management muss sich neben den Kernfragen des Wie (operative Umsetzung) und des Was (strategische Planung) wieder auf das *Warum* unternehmerischen Handelns besinnen – auf die konstitutiven Grundlagen unternehmerischen Handelns, auf die Frage nach der gesellschaftlichen Legitimität der Unternehmung, die für transformative Unternehmen konstituierend ist. Auf konzeptioneller Ebene bietet sich hier Theorie und Praxis des *normativen Managements* nach dem St. Galler Wirtschaftswissenschaftler Knut Bleicher [55]. Das normative Management „definiert die Zwecke der Unternehmung im Umfeld von Gesellschaft und Wirtschaft [… und] wirkt in seiner konstitutiven Rolle begründend für die Aktivitäten des Managements". Es fügt sich, dem *strategischen* und *operationalen*

Management übergeordnet, in das St. Galler Modell des „integrierten Managements" ein. Letzteres stellt einen umfassenden unternehmenstheoretischen Bezugsrahmen dar, der dem ganzheitlichen Unternehmensmodell (vgl. Abbildung 1), in das auch transformative Unternehmen einzuordnen sind, und den Anforderungen an transformatives Management (siehe voriges Kapitel) gerecht werden kann.[49]

Abbildung 2 zeigt, dass *operationales, strategisches* und *normatives Management* nicht voneinander unabhängig, sondern aufeinander aufbauende Teilaufgaben des Managements sind.

Das *operative Management* widmet sich mit relativ kurzfristiger Perspektive der konkret-kleinschrittigen Organisation der Wertschöpfungsprozesse, die konkrete Erfolgspotentiale erschließen. Die Erfüllung der übergeordneten Managementaufgaben ist Grundvoraussetzung für jene der untergeordneten Ebene. Je höher die Ebene, umso größer sind der zu berücksichtigende Zeithorizont und die Komplexität der zu bewältigenden Herausforderungen. Der operationale Erfolg wird (in herkömmlichen Unternehmen) entsprechend dem ökonomischen Prinzip am Profit bzw. der

49 Das St. Galler Management-Modell nach Hans Ulrich [88, 89], Knut Bleicher [90] und Johannes Rüegg-Stürm & Simon Grand [83] bietet einen geeigneten Bezugsrahmen, da es sowohl die vielfältigen Aufgaben des Managements, wie auch die (für das Thema Nachhaltigkeit) entscheidenden Wechselwirkungen zwischen Management und Unternehmensumfeld an Hand eines Stakeholder-Konzeptes beleuchtet und dabei sowohl wettbewerbliche wie auch unternehmensethische Perspektiven integriert [91]. Hans Ulrich, der Begründer dieses Management-Modells war es auch, der 1981 angesichts der gesellschaftlichen Veränderungen und des damit einhergehenden Wertewandels erstmals den Fokus auf die Bedeutung der Unternehmungs- bzw. Managementphilosophie lenkte und damit die Betriebswirtschaftslehre für die Aufnahme einer werteorientierten Führungslehre und damit für ethische Führungsfragen öffnete [92]. Ulrich unterschied operatives, strategisches und normatives Management. Auf der Basis seiner Arbeit entwickelte Knut Bleicher [90] dann die zweite Generation des St. Galler Managementmodells, in dem er die Management-Herausforderungen in einem dreidimensionalen Bezug darstellte [91]. Markus Schwaninger [93] verdeutlichte dann die besondere Bedeutung des normativen Managements für den Unternehmenserfolg. Knut Bleicher [55] konkretisiert in „Normatives Management" die Teilaufgaben der normativen Managementebene.

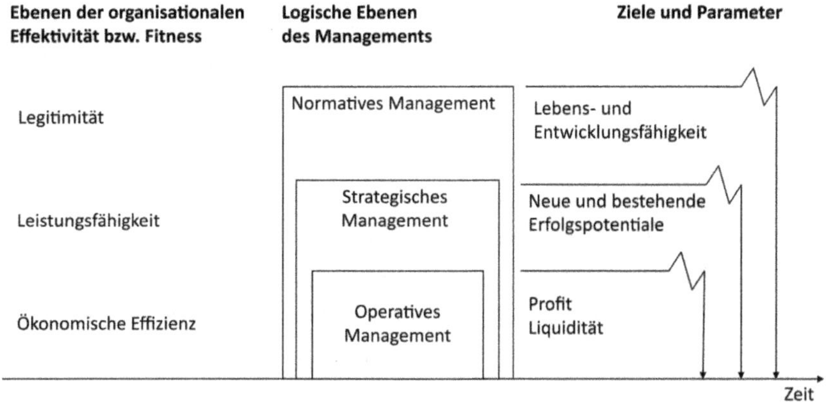

Abbildung 2: Einfluss- und Zielgrößen organisationaler Fitness auf drei Management-Ebenen. Darstellung nach Markus Schwaninger [93].

Liquidität gemessen. Transformative Unternehmen definieren daneben bzw. stattdessen auch im operativen Management qualitative Erfolgs-Kontrollvariablen, die stärker auf ihre gesellschaftsverändernde Wirkung ausgerichtet sind. Das *strategische Management* zielt mit einer langfristigeren Perspektive darauf, die Erfolgspotentiale zu identifizieren und zwischen Wettbewerb und Kooperation geeignete Verwirklichungsstrategien zu konzipieren. Unter Einbeziehung der Entwicklung von Marktsituation und Kundenbedürfnissen ist die Erhaltung der Leistungsfähigkeit der Unternehmung das wesentliche Entscheidungskriterium. Dem übergeordnet widmet sich das *normative Management* der langfristigen Erhaltung der Lebensfähigkeit, in dem es die Strategieauswahl nach dem Kriterium der grundsätzlichen gesellschaftlichen Legitimation eingrenzt. Nur bei bestmöglicher Erfüllung der Ansprüche aller relevanten Stakeholder kann diese erreicht werden. Dafür muss das normative Management gesamtgesellschaftliche, kulturelle und philosophische Variablen und deren Entwicklung integrieren [93].

„The key duty of an integral management is to meet all three requirements in the long run. In other words, the challenge consists in assuring, that the corporation is successful in operational terms, intelligent [...] in strategic terms and a valuable contributor to the larger whole in normative terms." Markus Schwaninger [93].

Das normative Ziel herkömmlicher Unternehmen ist meist lediglich die Sicherung des eigenen Überlebens. Schwaninger verdeutlicht hingegen die Aufgabe des normativen Managements, die Unternehmung auf „viability beyond survival" auszurichten: Statt eines „Kampfes ums Überleben" (in dem alle Mittel geheiligt sind, was zu Pathologien führt), fordere der Erhalt der Lebensfähigkeit in gegenwärtig turbulenten Unternehmensumwelten eine grundsätzliche Entwicklungsfähigkeit und Selbstverwandlungsbereitschaft von Unternehmen. Damit sind zwei grundsätzliche Eigenschaften transformativer Unternehmen benannt. Um dieser Aufgabe gerecht zu werden, dürfen Erfolgs-Kontrollvariablen der operationalen Managementebene nicht zu normativ-gesellschaftlichen Zielen der Unternehmung werden. Es ist zwar völlig legitim und richtig, dass effizientes Wirtschaften und die Generierung von Einnahmen im Fokus des operationalen Managements stehen. Auch in transformativen Unternehmen sind Gewinne (unter Nebenbedingungen) legitim und notwendig. Wenn diese jedoch zum alleinigen strategischen und normativen Ziel werden, kann das Unternehmen nur kurzfristig überleben. Denn nur Unternehmen, die nach obigem Prinzip geeignete Strategien innerhalb einer grundsätzlich gesellschaftlichen Ausrichtung (die vom normativen Management bestimmt wird) auswählen, können langfristig bestehen [93]. Ein gelungenes normatives Management führt zur langfristigen organisationalen Fitness, erfordert aber höhere Investitionsbereitschaft und Kompetenzen im Umgang mit größerer Komplexität und längeren Zeiträumen. Jedoch amortisiert sich der anfängliche Mehraufwand langfristig oder wird durch Zugewinne ausgeglichen, die sich aus neuen Formen der Zusammenarbeit ergeben, die darauf fußen, dass das normative Management den

Mitgliedern eines „sozialen Systems Sinn und Identität im Inneren und Äußeren“ vermittelt [55].

Das normative Management bestimmt also über das strategische und operative Management die Ausrichtung des ganzen Unternehmens.

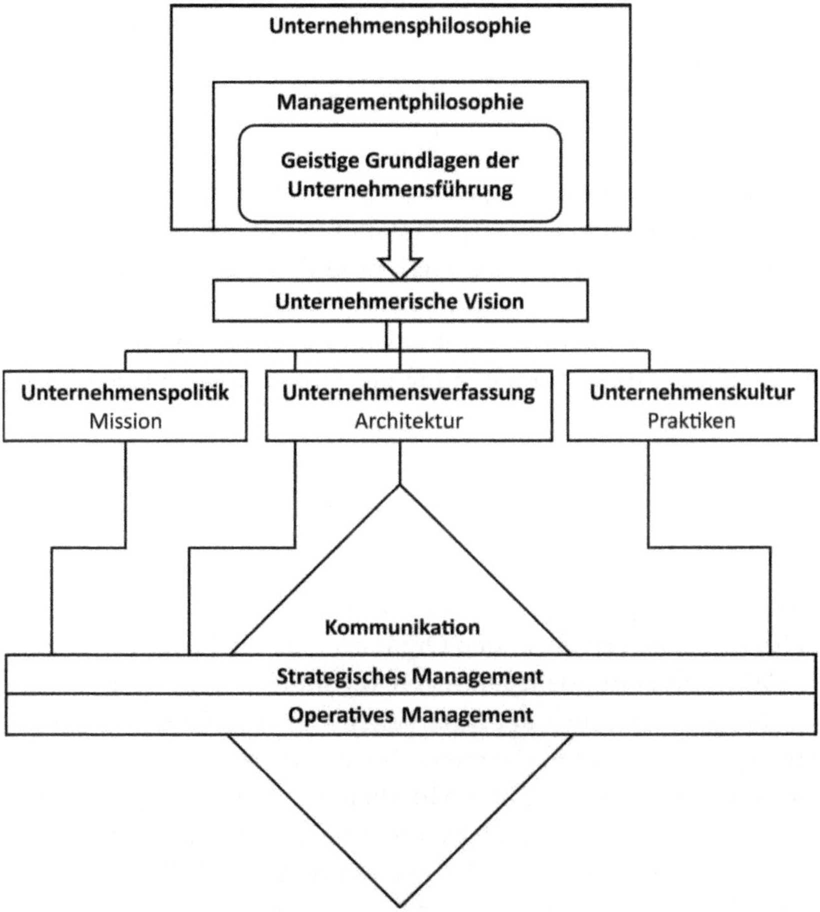

Abbildung 3: Gesamtzusammenhang des normativen Managements. Darstellung nach Knut Bleicher [55].

Abbildung 3 zeigt, dass dies auf Basis der unternehmerischen *Vision* geschieht, die auf der alles umfassenden *Unternehmensphilosophie* fußt. In deren Kern wiederum steht die *Managementphilosophie*. Ausdruck finden diese drei in der *Unternehmenspolitik*, der *Unternehmensverfassung* und der *Unternehmenskultur* [55].

> „Any organization, in order to survive and achieve success, must have a sound set of beliefs on which it premises all its policies and actions. [...] In other words, the basic philosophy, spirit and drive of an organization have far more to do with its relative achievements than do technological or economic resources, organizational structure, innovation and timing." Thomas Watson Jr. [94].

Kern des normativen Managements ist die *Unternehmensphilosophie*. Sie ist die paradigmatisch geprägte und in *Normen und Werthaltungen* begründete Leitidee, die alle konzeptionellen und vollziehenden Dimensionen des Unternehmensgeschehens durchdringt und somit auch die Position der Unternehmung in der Gesellschaft und das Verhalten der Unternehmung gegenüber seinen Stakeholdern bestimmt [55].

> „In der Unternehmungsphilosophie drückt sich letztlich die gesellschaftliche Verantwortung der Unternehmung aus, die ihrem Handeln Legitimität verleiht." Knut Bleicher [55].

Unternehmensphilosophien sind noch nicht die ausformulierten Leitbilder, sondern die in den Organisationsmitgliedern veranlagten Wert- und Grundeinstellungen, die im realen Alltag der Organisation – im Handeln der Mitarbeiter – Verwirklichung erfahren. Eine solche Philosophie ist mehr als ein „von Seiten der Unternehmensführung gegenüber den Mitarbeitern sowie Außenstehenden gerichteter Prozess", sondern die schwer greifbare, informelle Basis der Unternehmung. Nichtsdestotrotz wird die Unternehmensphilosophie zentral beeinflusst und geprägt durch die *Managementphilosophie* [55]. Unter dieser werden die grundlegenden *Einstellungen, Überzeugungen, Werthaltungen* verstanden, welche das Denken und Handeln der maßgeblichen Führungskräfte in einem Unternehmen beeinflussen [89].

Unternehmensphilosophie und Managementphilosophie bilden die Basis der *unternehmerischen Vision* – jener Vorstellung, welche die (vielleicht unerreichbare) Zukunft der Unternehmung abbildet. Bleicher beschreibt diese als Leitstern für die künftige Unternehmensentwicklung. Im Zentrum der gesellschaftlichen Ausrichtung eines Unternehmens stehen somit die (auf die individuelle Philosophie gestützten) Fähigkeiten des Managements zur Anleitung und Umsetzung von Visionen. Zum Ausdruck kommen Philosophie und Vision auf drei Weisen [55].

Erstens in der konkreten *Unternehmenspolitik* des Managements, d.h. den generellen und konkreten Unternehmenszielen, in die das Management seine Vision übersetzt. Zweitens gehört es zur Aufgabe des normativen Managements, die Ziele, Unternehmungs- und Managementphilosophie, in irgendeiner Form transparent und zugriffsbereit niederzulegen. Dies geschieht in der Regel in Form von *Unternehmensverfassungen* bzw. von Leitbildern oder Verhaltenskodizes. Dass für deren Entwicklung oftmals große Anstrengungen unternommen werden sagt aber noch recht wenig über den sozialethischen Gehalt der tatsächlichen Handlungen aus [55]. Es muss also zwischen der nach außen präsentierten und der real gelebten Unternehmensphilosophie durchaus unterschieden werden. Hierbei hilft (drittens) die Betrachtung der *Unternehmenskultur*: Sie ist ein weitgehend intangibles und diffiziles soziales Phänomen, das als Sediment der real gelebten Unternehmensphilosophie verstanden werden kann. Werden die hier angesprochenen *weichen Faktoren* gezielt gestaltet, kann Organisationskultur als direkte Folge von Führungsprozessen verstanden werden [95]. Nach dem Kulturebenen-Modell des US-Organisationspsychologen Edgar Schein gleicht die Organisationskultur einem Eisberg: An der Oberfläche der Organisation sicht- bzw. erlebbar sind (kollektive) Praktiken wie Du-Kultur, Traditionen, Artefakte, Dresscode, visuelle Corporate Designs, Rituale und

Gründungs-Mythen. Eine Ebene tiefer liegen Normen und Standards, die dem sichtbaren Verhalten zu Grunde liegen, wozu ebenso formale und verschriftlichte Leitbilder und Verhaltenskodizes gehören[50] wie auch informell geteilte Werte und Gefühle darüber, was gut und richtig ist. Die tiefe Basis der Unternehmenskultur bilden ungeschriebene und (oftmals) unbewusste, tief im Denken der Organisationsmitglieder verwurzelte *Grundannahmen*, von denen innerhalb einer Organisation selbstverständlich ausgegangen wird, die u.a. das *Menschenbild, das Weltbild und das Zeitgefühl* betreffen [96, 97].[51]

Aus allem Vorangegangenen ergibt sich Folgendes: Da das normative Management die philosophischen, ethischen und kulturellen Grundlagen menschlichen Handelns berücksichtigt, kann es für die Untersuchung der Treiber transformativen Unternehmenshandelns der geeignete Bezugsrahmen sein. In seinem Zentrum steht die Unternehmens- und Managementphilosophie, die sich somit als entscheidender Faktor für das Gelingen transformativen Unternehmenshandelns entpuppt. Zukünftig wird es weniger um einen Wettbewerb geeigneter Unternehmensstrategien gehen, als vielmehr um geeignete Praktiken normativen Managements, insbesondere zukunftsweisender Unternehmensphilosophien [55, 98].

---

50 An dieser Stelle offenbart sich eine große Redundanz der Konzeptionen von normativem Management und Unternehmenskultur: Unternehmensverfassung und Unternehmensphilosophie sind zugleich konstitutiver Teil der Unternehmenskultur wie des normativen Managements. Eine detaillierte Untersuchung der Ausprägung beider Konzeptionen am Beispiel eines Unternehmens würde selbige Phänomene doppelt erfassen.

51 Gerade weil die Verankerung dieser Grundannahmen bis ins Unterbewusstsein des menschlichen Geistes hineinreicht, erscheint die Unternehmenskultur auf der Suche nach den Ursachen des transformativen Unternehmenshandelns als Bezugssystem ebenfalls interessant. Jedoch ist Kultur das Ergebnis vorangegangener kollektiver Handlungen. Demnach gleicht die Betrachtung rezenter Kulturen dem Blick in die Vergangenheit. Da es bei der Großen Transformation aber um die zukunftsgerichtete Umgestaltung von Praktiken und Kulturen geht, ist das normative Management, dessen Quell die grundsätzlich zukunftsgerichtete Managementphilosophie und Vision ist, das geeignetere Bezugssystem. Auch weil sich die Konzepte auf die gleichen Elemente beziehen, scheint die Wahl des normativen Managements für Praxisanalysen als geeigneter.

Um der Frage näher zu kommen, woraus die Wurzeln transformativen Unternehmenshandelns bestehen könnten, muss somit noch eine Ebene tiefer gefragt werden: In welchen mentalen bzw. ideellen Grundlagen wurzelt ein normatives Management?

2.5.3 Die geistigen Grundlagen der Managementphilosophie

Im vorherigen Kapitel konnte gezeigt werden, dass Werthaltungen, Grundannahmen, sowie das Menschen- und Weltbild der Führungskräfte die Basis eines normativen Managements bilden.

> „Bei diesen *Grundhaltungen* handelt es sich stets um *Normen, um Werturteile,* die *aus den verschiedensten Quellen* stammen und ebenso geprägt sein können durch *ethische und religiöse Überzeugungen* wie auch durch die *Erfahrungen* in der bisherigen Laufbahn einer Führungskraft." Hans Ulrich [89]

Das Denken und Handeln von Führungskräften wird somit von (zum Teil unbewussten) wertebasierten Modellvorstellungen über Zusammenhänge und ihnen entsprechende Verhaltensweisen bestimmt, die kulturell-gesellschaftlichen, erziehungs-, ausbildungs- und rollenbedingten, individuellen Erfahrungen entspringen[95]. Diese grundlegenden Annahmen wiederum wurzeln letztlich im *Welt- und Menschenbild* der Führungskräfte [55].

> „Beim *Menschenbild* handelt es sich um getroffene Annahmen darüber, was ein Mensch ist, welche Bedürfnisse[52] er hat und welche Ziele er verfolgt, was sein Rang ist in der Welt und welches sein Verhältnis zu den Mitmenschen, was sein Denken und Handeln bestimmt und wo seine Grenzen liegen." Knut Bleicher [55]

Auch das Menschenbild ist eine oftmals unbewusste Prämisse des Verhaltens von Führungskräften, das somit hintergründig, aber

52 Es gilt grundsätzlich zu unterscheiden zwischen Bedürfnis (z. B. nach Sicherheit oder Nahrung), Bedarf (nach Mitteln und Wegen zur Bedürfnisbefriedigung) und der konkreten Nachfrage (nach einem Produkt zur Bedarfsdeckung) [95].

doch dominant die Ausgestaltung von Organisation und Managementsystemen beeinflusst. Insbesondere in der von der humanistischen Psychologie geprägten Organisations- und Motivationstheorie hat eine ausführliche Auseinandersetzung darüber stattgefunden [55, 96].

Das *Weltbild* beschreibt allgemein „die durch Forschen und Lernen erworbene Gesamtvorstellung der physischen Welt, ihrer Dinge, Kräfte, Geschehnisse und ihrer naturgesetzlichen Zusammenhänge". Das Weltbild ist die „Summe des anschaulichen Wissens von der Welt" [99–101].

Grundhaltungen, Wertvorstellungen, Welt- und Menschenbild bilden gemeinsam die *Weltanschauung*. Diese ist nicht bloß die „Summation der Resultate bloßer Objektbetrachtung", sondern umfasst die „Gesamtauffassung von Natur, Gesellschaft und Mensch, einschließlich von Regeln für das Verhalten des Menschen in der gesellschaftlichen Praxis". Sie ist „eine auf das Denken, Fühlen, Wollen und Tun des Menschen bezogene gedankliche Zusammenfügung des Wissens, der Erfahrung bzw. der Vorstellung von der Welt und vom menschlichen Dasein als eines Sinnganzen" [102]. Damit umfasst die Weltanschauung sowohl das naturwissenschaftliche Weltbild, während es auch auf das Metaphysische bezogene Erklärungsansätze (z.B. aus religiösen Überzeugungen oder ästhetischem Empfinden erwachsene Vorstellungen) integriert. Zentraler Bestandteil einer Weltanschauung sind auch Annahmen über mögliche Zukünfte (*Zukunftserwartungen*) von Welt und Menschheit und die eigene Rolle und Möglichkeit der Einflussnahme bei der Auswahl und Gestaltung dieser Zukünfte (also das *Selbstverständnis* des Subjektes, das die Welt anschaut und in Abhängigkeit der Weltanschauung auf bestimmte Weise (evtl. auch nicht) gestaltet [103].

Der belgischen Quanten-Phyiker Diederick Aerts identifiziert eine Reihe von Fragen, die die wesentlichen Elemente einer Weltanschauung umreißen können [103]:

- Was ist die Natur unserer Welt?
- Wie ist sie strukturiert und wie funktioniert sie?
- Wieso sind wir [Menschen], so wie wir sind?
- Wie können wir das Weltgeschehen beeinflussen und verändern?
- Was sind generelle Prinzipien, nach denen wir unser Handlungen ausrichten sollten?
- Welche möglichen Zukünfte stehen uns offen?
- Nach welchen Kriterien sollten wir aus den möglichen Zukünften auswählen?

Die grundsätzlich schöpferische Qualität einer Weltanschauung liegt in ihrem Bezug auf das Menschenbild eines „aus einer Idee *handelnden* Menschen", der die Welt, die er mit seinem Handeln erschafft, anschaut [101, 107].

In Summe zeigt sich, dass die benannten, das normative Management bestimmenden Einflussgrößen geistige Annahmen und Vorstellungen bzw. mentale Konzepte sind, die durch biografische Prägungen im Menschen angelegt werden: Menschenbild, Weltbild, Weltanschauung, Grundhaltungen, Wertvorstellungen, Handlungsmaximen, Imperative und die ihnen zu Grunde liegenden Erfahrungs-, Inspirations-, und Erkenntnisquellen sollen im Folgenden zusammengefasst werden als *„geistige Grundlagen"*, welche die grundsätzliche Ausrichtung einer Unternehmung determinieren.

Die Große Transformation zur Nachhaltigen Entwicklung kann ohne Ablösung neoklassischer Welt- und Menschenbilder nicht gelingen. Verdeutlicht man sich die zentrale Bedeutung der geistigen Grundlagen unternehmerischen Handelns, lässt sich daraus ableiten, dass der Paradigmenwechsel bei Führungskräften eine Grundbedingung für das Gelingen eines transformativen Unternehmertums ist.

2.6 Fragen an die Pioniere der Nachhaltigkeit

Diese aus der Literatur abgeleitete These von der zentralen Bedeutung der geistigen Grundlagen unternehmerischen Handelns korrespondiert mit einer interessanten Beobachtung: In der Landschaft der besonders auf Nachhaltigkeit ausgerichteten wirtschaftlichen Akteure sind viele Organisationen zu finden, die angeben, dass ihr Wirken durch die von ihrem Begründer Rudolf Steiner *Anthroposophie*[53] genannte geistige Weltanschauung inspiriert ist.

Das legt folgende Annahme nahe: Führungskräfte, die auf Grundlage des anthroposophischen Welt- und Menschenbildes handeln, haben den zuvor benannten Paradigmenwechsel bereits vollzogen und gestalten ihre Organisationen dementsprechend auf Basis eines neuen geistigen Fundaments, was dazu führt, dass sie potentiell transformativer (i.S.v. nachhaltiger) wirken als solche, die noch dem neoklassischen Paradigma verhaftet sind.

---

53 „Anthroposophie (von griech. ánthropos ‚Mensch' und sophía ‚Weisheit') ist ein von Rudolf Steiner (*1861, †1925) begründeter „Erkenntnisweg, der das Geistige im Menschenwesen zum Geistigen im Weltenall führen möchte". Während die überwiegend naturwissenschaftlich orientierte Anthropologie allein den äußerlich fassbaren Menschen beschreibt, will Anthroposophie darüber hinaus den nur innerlich erlebbaren seelischen und geistigen Menschen und die diesem durch konsequente Bewusstseinsschulung wahrnehmbare seelische und geistige Welt empirisch erforschen, ohne metaphysische Spekulation und unabhängig von jeglicher religiöser Dogmatik oder herkömmlicher Mystik. Rudolf Steiner hat die von ihm methodisch entwickelte Anthroposophie daher auch als anthroposophische Geisteswissenschaft bezeichnet, um auf die von ihm angestrebte, auf konkrete geistige Erfahrung gegründete, exakte wissenschaftliche Erforschung des Geistigen hinzuweisen. Schon sein erkenntnistheoretisches Hauptwerk, die *Philosophie der Freiheit* trägt den Untertitel: Seelische Beobachtungsresultate nach naturwissenschaftlicher Methode. Der heute weltweit vertretenen Anthroposophie entstammen fruchtbare Anregungen für vielfältige Lebensbereiche, etwa für die Waldorfpädagogik und Heilpädagogik, die anthroposophisch erweiterte Medizin, die Heilmittel- und Kosmetikproduktion (Weleda, Wala), die biologisch-dynamische Landwirtschaft (Demeter), für praktisch alle Bereiche der Kunst (wie z. B. auch der Architektur), für die Dreigliederung des sozialen Lebens und das Finanzwesen (GLS Gemeinschaftsbank, Freie Gemeinschaftsbank; Triodos Bank), für die weitere Vertiefung der Goetheanistischen Naturwissenschaft und für die Christengemeinschaft als Bewegung für religiöse Erneuerung." Siehe [104].

Diese Annahme integrierend, verdichten sich die zuvor dargestellten Theorien zu folgender These:

Die „geistigen Grundlagen" der Unternehmensführung sind von entscheidender Bedeutung dafür, dass sich Unternehmen hinreichend radikal auf Nachhaltigkeit bzw. auf „transformative" Wirkungsdimensionen ausrichten. In anderen Worten: Die geistigen Grundlagen der Unternehmensleiter bestimmen die Nachhaltigkeitsperformance bzw. Transformativität einer Unternehmung.

Pionierunternehmen sind für das Gelingen der Großen Transformation von zentraler Bedeutung, da sie Wegbereiter für transformative Praktiken sind. Somit sollten Gespräche mit Unternehmensleitern solcher Pionierunternehmen folgende Fragen beantworten können:

- Welche geistigen Grundlagen bewegen die Vorbilder des Wandels zu ihrem transformativen Handeln?
- Welche Grundhaltungen zu Mensch, Umwelt und zur Wirtschaft finden sich bei Führungspersönlichkeiten transformativer Unternehmen?
- Wie kommen die geistig-normativen Grundlagen in der Management- und Unternehmenspraxis zum Ausdruck?
- Welche Bedeutung haben die geistigen Grundlagen der Unternehmensführung für das Gelingen eines transformativen Unternehmertums?

3 Expertengespräche mit Pionieren der Nachhaltigkeit

Erst der Einbezug der Unternehmenspraxis kann eine argumentative Grundlage bilden, um die Bedeutung weltanschaulicher bzw. geistiger Grundlagen für das Gelingen eines transformativen Unternehmertums zu überprüfen und Entwicklungsperspektiven für gewünschte Nachahmer aufzuzeigen. So wurden die zuvor dargestellten Leitfragen im Rahmen von 60-minütigen qualitativen Experteninterviews mit den Führungspersönlichkeiten von fünf besonders auf Nachhaltigkeit ausgerichteten Unternehmen untersucht.

Auf Basis der wissenschaftlichen Vorüberlegungen der vorangegangenen Kapitel wurde der im Folgenden dargestellte Leitfaden für die Gespräche erarbeitet:

Gesprächsteil 1: Einstieg und Abfrage des Nachhaltigkeitsverständnisses

1. Was brauchte es in der Unternehmensgeschichte Ihrer Firma dafür, heute in Sachen Nachhaltigkeit zu den Vorreitern zu gehören?
2. Was bedeutet der Begriff/das Konzept „Nachhaltigkeit“ für Sie persönlich?
   Und was bedeutet „Nachhaltigkeit“ für die Menschen in ihrem Unternehmen?
3. Vor dem Hintergrund des Weltgeschehens der letzten Dekaden: Wie schätzen Sie persönlich den weiteren Gang der Dinge ein: Schaffen wir als Menschheit die Kehre zur Nachhaltigkeit?

Gesprächsteil 2: Motivationale und geistige Grundlagen des Nachhaltigkeits-Engagements

4. Aus welchen geistigen oder ideellen Quellen kommt Ihre persönliche Motivation sich für Nachhaltigkeit zu engagieren? Und (wenn abweichend) woher kommt die Motivation des Unternehmens? Welche Bedeutung hat die Anthroposophie dabei? Optional: Gibt es weitere Erlebnisse, Erkenntnisse, Einsichten, Lehren, Philosophien die entscheidend dafür sind, dass Sie sich für Nachhaltigkeit engagieren? Der Geist des Gründers?
5. Inwiefern spielen diese geistig-motivationalen Grundlagen im Unternehmens- und Geschäftsalltag eine Rolle?
6. Für wen – in der Firma sowie in ihrem Umfeld – ist diese Grundhaltung / Inspiration auch noch von Bedeutung?

Gesprächsteil 3: Transformative Wirkungspotentiale des Unternehmens

7. Welche Bedeutung haben ökonomische Anreize für das Nachhaltigkeitsengagement Ihres Unternehmens?
   Sind Marktanreize heute von größerer Bedeutung als in der Anfangszeit?
8. Verändert sich ihr Nachhaltigkeits- bzw. Qualitätsanspruch im Zuge des Wachstums ihres Unternehmens – und wo bzw. wann sind die Grenzen erreicht?
9. Was bedeutet für Sie Führung und was Partizipation? Anders gefragt: Welche Rolle spielen Demokratie und Teilhabe in Ihrer Unternehmenspolitik?
10. Gibt es bestimmte Qualitäten, auf die in Ihrem Unternehmen bei der Ausgestaltung der Beziehungen zu Mitarbeitern, Kunden und anderen gesellschaftlichen Akteuren grundsätzlich Wert gelegt wird?
11. In vielen Bereichen unserer Wirtschaft, Politik und Gesellschaft stehen einer Verbesserung der Nachhaltigkeit noch dringend abzulösende Gepflogenheiten im Wege. Welche Hürden be-

gegnen Ihnen und wie gehen Sie / das Unternehmen mit diesen um?
12. Ihr Unternehmen agiert innerhalb eines Wirtschafts- und Marktsystems, das in Form von Regeln, gängigen Praktiken und Institutionen besteht. Welche Haltung haben Sie zu diesen Strukturen, und wenn ja, wo und wie wird diese deutlich?

Abschlussfrage:
13. Versetzen Sie sich in die Zukunft – an Ihren Lebensabend – Sie sitzen im Lehnstuhl und reflektieren, was Sie mit Ihrem Unternehmen zur großen Wende in Richtung Nachhaltigkeit beigetragen haben.Was möchten Sie dann sagen können, wird der Beitrag ihrer Firma zur Nachhaltigen Entwicklung gewesen sein?

Als Experten wurden *die Geschäftsführer* (die teilweise zugleich Gründer, Inhaber bzw. Gesellschafter sind) der ausgewählten Unternehmen befragt. Anstelle des üblichen isolierten Verständnisses der Experten als Medium, die lediglich Auskunft über die Sachverhalte von Interesse geben, wurden die Experten hier auch zu ihren persönlichen Einstellungen und Erfahrungen befragt. Denn was das normative Management angeht, sind sie einerseits „Zeugen" der Unternehmenspraxis, aber werden auch selbst zum Untersuchungsobjekt, da sie die Unternehmenspraxis maßgeblich mitgestalten [105].

Unternehmen mittlerer Größe (die zwischen gesellschaftlicher Nische und Mainstream agieren) und dort als vorbildhafte Pioniere wirken, sind von besonderer Bedeutung für die Große Transformation. Dementsprechend wurden mittelgroße erwerbswirtschaftliche Unternehmen gesucht, die eine ausgezeichnete Nachhaltigkeitspraxis haben und in ihrer Branche als Nachhaltigkeitsvorreiter bzw. Pionier gelten. Dafür wurden die Listen der Preisträger der bekanntesten deutschen Nachhaltigkeits- und CSR Preise ausgewertet (siehe Anhang 7.1). Insofern es durch separate Preiskategorien unterscheidbar war, wurde die Auswahl auf den Mittelstand[54] begrenzt: Konzerne bzw. „Große Unternehmen“ wurden soweit möglich ausgefiltert. In der Analyse wurden n = 221 in den Jahren 2012 bis 2016 vergebene Nachhaltigkeitspreise berücksichtigt. Tabelle 1 zeigt die Unternehmen, die durch die meisten Mehrfachauszeichnungen aus der Gesamtauswahl hervorstechen.

Rang	**Unternehmen / Branche**	**Anzahl der erhaltenen Auszeichnungen**
1.	Vaude Sport GmbH & Co. KG / Outdoor	6
2.	Lebensbaum (Ulrich Walter Gruppe) / Lebensmittel	6
3.	GLS Gemeinschaftsbank eG / Banking & Finanzen	5
4.	Alnatura Produktions- und Handels GmbH / Lebensmittel	4
4.	*Neumarkter Lammsbräu Gebr. Ehrnsperger e.K. / KG / Lebensmittel*	4
4.	*Frosta AG / Lebensmittel*	4

Tabelle 1: Rang 1. bis 6. der mehrfach mit Nachhaltigkeitspreisen ausgezeichneten mittelgroßen Unternehmen nach eigener Analyse (n = 221) mit in den Jahren 2012–2016 verliehenen Nachhaltigkeitspreisen.

Es sollten fünf Unternehmen aus möglichst verschiedenen Branchen, darunter mindestens die Hälfte *anthroposophisch orientierte Unternehmen* (AOU), untersucht werden. Deshalb wurde neben

54 Die ausgewählten Unternehmen übertreffen die quantitativen Kriterien der Definition von „Mittelstand“ teilweise deutlich. Zwar stärkere, aber für eine Verwendung des Begriffes doch nicht ausreichende Übereinstimmung findet sich in der Auswahl mit den qualitativen Kriterien der Mittelstandsdefinition, die stärker auf Einheit von Verantwortung, Risiko, Eigentum und Leitung abzielt [106].

den vier Erstplatzierten der Analyse (Tabelle 1) als Fünftes die WALA Heilmittel GmbH mit einbezogen. Tabelle 2 gibt einen Überblick über die ausgewählten Interviewpartner. Ausführlichere Portraits der Firmen finden sich in Anhang 7.2.

Die Interviews wurden auf Basis der Audiomitschnitte vollständig transkribiert und nach der Methode der Qualitativen Inhaltsanalyse von Philipp Mayring ausgewertet, was eine theoriegeleitete Interpretation ermöglichte [107].

<table>
<tr><th></th><th>Firma</th><th>Branche</th><th>Interview-partner</th><th>AOU</th></tr>
<tr><td rowspan="2">WALA
Dr. Hauschka</td><td>WALA Heilmittel GmbH</td><td>Pharma / Naturkosmetik</td><td>Dr. Johannes Stellmann, Geschäftsführer</td><td>Ja, schon in der Gründung</td></tr>
<tr><td colspan="4">Das Stiftungsunternehmen WALA wurde 1935 von Dr. Rudolf Hauschka gegründet und produziert anthroposophische Heilmittel und Naturkosmetik in Demeter-Qualität und ist damit Pionier in der Pharma-Branche. Mitarbeiter: 901; Umsatz: 144 Mio. € (2017)</td></tr>
<tr><td rowspan="2">VAUDE
The Spirit of Mountain Sports</td><td>Vaude Sport GmbH & Co. KG</td><td>Outdoor</td><td>Dr. Antje von Dewitz, Tochter des Gründers, geschäftsführende Gesellschafterin</td><td>Nein</td></tr>
<tr><td colspan="4">Das Familienunternehmen Vaude wurde 1974 von Albrecht von Dewitz gegründet und ist heute mit ihren 542 Mitarbeitern Nachhaltigkeitspionier in der Outdoorbranche. Umsatz: 100 Mio. € (2017).</td></tr>
<tr><td rowspan="2">Natur und Mensch
Lebensbaum</td><td>Lebensbaum (Ulrich Walter GmbH)</td><td>Lebensmittel</td><td>Ulrich Walter, Gründer und Gesellschafter</td><td>Nein, aber viele Partner</td></tr>
<tr><td colspan="4">Das Familienunternehmen Lebensbaum wurde 1979 von Ulrich Walter gegründet und ist Marktführer und Pionier für biologischen Tee, Kaffee und Gewürze. Mitarbeiter: 210, Umsatz: 60 Mio. € (2017).</td></tr>
</table>

	Firma	Branche	Interviewpartner	AOU
GLS Bank das macht Sinn	GLS Gemeinschaftsbank eG	Finanzdienstleistungen	Thomas Jorberg, Vorstandssprecher	Ja, schon in der Gründung
	Die GLS Gemeinschaftsbank eG (Gemeinschaftsbank für Leihen und Schenken) wurde 1974 von Anthroposophen gegründet. Sie war die erste und ist heute die größte deutsche Bank, die nach sozial-ökologischen Grundsätzen arbeitet. Das Unternehmen gehört 52.200 Genossenschaftsmitgliedern. Mitarbeiter: 582; Bilanzsumme: 5,675 Mrd. € (31.12.2018).			
ALNATURA	Alnatura Produktions- und Handels GmbH	Lebensmittelhandel	Prof. Dr. Götz E. Rehn, Gründer und Geschäftsführer	Ja, schon vor der Gründung
	Die Alnatura Produktions- und Handels GmbH wurde 1984 von Götz E. Rehn gegründet. Wie sein Gründer steht das Unternehmen den Konzepten der Anthroposophie nahe und ist einer der zentralen Pioniere der Biobranche. Mitarbeiter: 3.150 (Mai 2019); Umsatz: 822 Mio. € (2017/18).			

Tabelle 2: Die Unternehmensauswahl und Interviewpartner. AOU: Angabe über die anthroposophische Orientierung der Unternehmung (soweit bekannt).

Im folgenden Kapitel werden die Ergebnisse der Auswertung in der Struktur des entwickelten Kategoriensystems dargestellt. Um den Textfluss nicht zu stören, werden im Text nur beispielhafte und besonders aussagekräftige Textstellen aus den Transkripten angeführt. Ausführlichere Auszüge aus den Interviewtranskripten finden Sie auf der Website des Autors:
www.brockhaus.eco/interviewtranskripte2017

4 Die geistigen Grundlagen der Nachhaltigkeits-Pioniere

4.1 Nachhaltigkeitsverständnis

Alle Interviewpartner offenbaren ein umfassendes (i.S.v. holistisches) Verständnis von Nachhaltigkeit, das für ihre Unternehmung konstituierende Bedeutung hat, mindestens dreidimensional[55] ist und weit über die ökologische Ausrichtung wirtschaftlichen Handelns auf rein technisches Anpassungsoptimieren hinausgeht. Nachhaltigkeit durchdringt alle Denk- und Handlungsprozesse der befragten Unternehmen.

„Nachhaltigkeit […] ist sozusagen unsere DNA." Walter, Lebensbaum

Alle Interviewpartner benennen in ihrem Nachhaltigkeitsverständnis als zentrales Ziel ihres wirtschaftlichen Handelns die Förderung des Gemeinwohls bzw. einer gedeihlichen Entwicklung des Menschen bzw. der Menschheit. Insbesondere die Leiter der anthroposophisch orientierten Unternehmen Alnatura, WALA und GLS Bank beziehen dabei seelisch-geistige Dimensionen in ihr Menschenbild sowie eine kulturelle Dimension in ihr Nachhaltigkeitshandeln mit ein.

> „Für uns hat die Nachhaltigkeit vier Dimensionen: Ökonomisch, ökologisch, sozial und insbesondere und vor allem kulturell oder geistig. Das heißt am Anfang der Überlegung muss immer die Frage stehen: Wofür ist Wirtschaft da? Was ist der Sinn der Wirtschaft? Nur, wenn wir auf der Basis dieser Fragestellung zu einer Beantwortung kom-

55 Das Nachhaltigkeitsdreieck bzw. Drei-Säulen-Modell ist ein weitverbreitetes Modell, das als gleichwichtige Dimensionen einer nachhaltigen Entwicklung die Ökologie, die Ökonomie und das Soziale anführt. Nachhaltigkeit kann nur dann erreicht werden, wenn alle drei Ebenen sich positiv entwickeln.

men, bei der gesagt wird: ‚Ja der Mensch – im Sinne eines, in seiner Freiheitsentwicklung zu unterstützenden Wesen – ist das Zentrum dieser wirtschaftlichen Bemühungen' – dann erst, denke ich, können wir Nachhaltigkeit neu denken und sie auch realisieren. Alles andere bleibt stecken in einem bloßen Erhalten oder Schützen der Umwelt." (Rehn, Alnatura).

Zudem betonen insbesondere Stellmann (WALA) und Rehn (Alnatura), dass nachhaltiges Handeln für sie immer auch mit Ästhetik zu tun hat.

4.2 Menschenbild

Weitgehende Einigkeit besteht zwischen den Interviewpartnern darüber, dass der Mensch ein sich entwickelndes Wesen ist bzw. dass die Menschheit sich kontinuierlich weiterentwickelt und die unternehmerische Nachhaltigkeitspraxis diese Weiterentwicklung fördern soll. Die Leiter der anthroposophisch orientierten Unternehmen betrachten den Menschen als „ganzheitliches" Wesen, zu dem neben dem physischen Körper auch Geist und Seele gehören:

> „Auf den Menschen bezogen, stellen sich fundamentale Fragen: Ist er eine Molekülanhäufung oder kommt er aus der geistigen Welt? [...] Ist ein Mensch Träger einer geistigen Identität und Träger von Fähigkeiten oder ist er Produktionsfaktor? Und da haben wir einfach ein ganz klares Bild. Deswegen ist unser zweiter Zweck [...] die Entwicklung des Individuums zu ermöglichen, wenn es das Individuum will." (Stellmann, WALA).

Rehn (Alnatura) betont ebenfalls die schöpferische Wesensart des Menschen. Mehrere der Befragten gehen von eigenverantwortlich denkenden, selbstbestimmt handelnden Menschen (insbesondere Mitarbeitern und Kunden) aus bzw. wollen sie bei der Entfaltung ihres diesbezüglichen Potentials fördern. Insbesondere von Dewitz (VAUDE) betont eine grundsätzliche Vertrauenswürdigkeit sowie das Potential intrinsischer Motivation und Leistungsbereitschaft des Menschen.

4.3 Haltung zur Welt / Weltbild

4.3.1 Zukunftserwartung

In den Antworten auf die Frage nach der Zukunftserwartung („Schaffen wir als Menschheit die Wende zur Nachhaltigkeit?") wurden folgende Grundhaltungen gefunden:

Vier der fünf Befragten bringen zum Ausdruck, dass der dringend notwendige Kurswechsel trotz besseren Wissens von der Masse noch nicht vollzogen wird. Drei der Befragten begründen damit die Notwendigkeit eines *grundlegenden Bewusstseinswandels,* der dem Systemwandel vorausgehen muss.

> „Wir sprechen aktuell davon, dass wir uns in einer großen Transformation befinden, [...] die wir bezeichnen können als eine Kopernikanische Wende. [...] Damals war es auch so, dass nur Kopernikus gesehen hat, obwohl allen die Daten vorlagen, dass das geozentrische Weltbild nicht das richtige ist, sondern das heliozentrische. Das ist ein umfassender Paradigmen- und Sichtwechsel gewesen. [...] Ich denke, wir sind heute auch in einer Situation, in der uns sehr viel Wissen zur Verfügung steht, aber es noch zu wenig durchschlagende Ideen gibt, wie man angesichts dieser Realität einen anderen Weg gehen kann, der ein anderes Denken verlangt. Ich denke: Nur, wenn wir einen echten Paradigmenwechsel hinbekommen, wird Nachhaltigkeit möglich sein." (Rehn, Alnatura)[56]

Auffällig ist, dass alle Befragten einen gewissen *Optimismus im Pessimismus* zum Ausdruck bringen. So rechnen sie mehrheitlich mit einer divergenten Entwicklung bzw. zunehmenden Polarisierung

56 Rehn führte im selben Interview etwas später am Beispiel der deutschen Wiedervereinigung aus, dass derartige Kurswechsel auch unerwartet und plötzlich stattfinden können.

der Gesellschaft, in der sich einerseits die Krisen noch weiter zuspitzen, während gleichzeitig die nachhaltigkeitsorientierte Szene zunehmend wächst. Alle Befragten zeigen sich angesichts dessen nicht demotiviert, sondern hoffnungsvoll und offenbaren nach dem Motto „jetzt erst recht" Entschlossenheit, um auf nachhaltige Lösungen hinzuwirken. Zudem rechnen sie mehrheitlich damit, dass der steigende Krisendruck zur Verbreitung des Nachhaltigkeitsbewusstseins führen wird.

> „Wir werden die Wende zur Nachhaltigkeit schaffen, aber mit welchen Schäden und Folgen, das kann man nicht absehen. Und es gibt eigentlich nur zwei Treiber von Änderungen. Das eine ist Einsicht und das andere ist Not. [...] Früher [...] da hat man die Sache nicht gewusst; heute weiß man es eigentlich, aber glaubt es nicht. So dass wir, so brutal das ist, aber: dass wir noch immer Not brauchen, um weiterzukommen." (Jorberg, GLS Bank).

> „Not zwingt zur Veränderung. Und wenn wir in den Orkus runtermüssen – vorher klappt es nicht. [...] Das kann eine Chance sein. Es braucht Institutionen, die zeigen: Es funktioniert. Institutionen und Menschen, die Zukunftsinseln gestalten und Referenzen sind." (Stellmann, WALA).

4.3.2 Haltung zur Metaphysik, Spiritualität und Religion

Die drei Leiter der anthroposophisch orientierten Unternehmen (AOU) bringen wiederholt ihre grundlegende Überzeugung von der Existenz übersinnlicher (insbesondere geistiger) Prozesse und Weltbestandteile zum Ausdruck. Im Tenor heißt es: Alles hat im Geistigen seinen Ursprung. So wird die Handlungspraxis von der Annahme der Metaphysik (mit-)bestimmt.

> „Rudolf Steiner hat gesagt: Wo Materie ist, ist Geist. Wo Geist ist, ist Materie. Ich kann die Materie nur denken, wenn ich den geistigen Hintergrund der Materie denke. Denn ohne Geist gibt es keine Materie." (Stellmann, WALA).

Den Religionen bzw. Kirchen bemessen die Befragten hinsichtlich der Leitfrage keine besondere Bedeutung zu. Vom Austritt aus der Kirche wird sowohl in den Reihen der AOU wie auch im nicht-anthroposophischen Lager berichtet. Stellmann (WALA) weist aber auf die mit der Anthroposophie einhergehende Nähe zum Christentum hin.[57] Die Unternehmensleiter von Vaude und Lebensbaum verneinen zwar die besondere Bedeutung religiöser oder spiritueller Lehren für ihr Nachhaltigkeitshandeln, bringen aber beide eine grundsätzliche Offenheit und respektvolle Wertschätzung gegenüber spirituellen (namentlich auch der anthroposophischen) Weltanschauung zum Ausdruck. Walter (Lebensbaum) betont dabei jedoch seine Ablehnung jeder Form von Machtausübung und Dogmatismus aus ideologischen Impulsen.

4.3.3 Haltung zum Wirtschafts- und Gesellschaftssystem

1.) Wirtschaft ist für den Menschen da / Gemeinwohlorientierung: Alle Befragten sind sich einig, dass es grundlegendes Ziel und Sinn jeden wirtschaftlichen Handelns sei, dem Wohle des Menschen zu dienen.

> „Wirtschaft ist für den Menschen da – und nicht der Mensch für die Wirtschaft." (Rehn, Alnatura).

2.) Profit als Nebeneffekt unter Nebenbedingungen: Mehrere der Befragten benennen die radikale Ausrichtung auf die Bedürfnisdeckung von Menschen als Sinn bzw. Erfolgsrezept unternehmerischen Handelns. Vom isolierten Profitstreben der Erwerbswirtschaft grenzen sich die Unternehmensleiter mehrheitlich deutlich

57 In der Anthroposophie wird die Existenz des Christus als geistiges Wesen bejaht. So werden in der anthroposophischen Kirche, der „Christengemeinschaft", die sieben Sakramente gefeiert und ein christliches Credo gesprochen. Ein Unterschied zu den Glaubenslehren der anderen christlichen Kirchen besteht darin, dass in der Anthroposophie nicht Gott der Erlöser nach nur einem sündenerfüllten Leben ist, sondern der Mensch sich selbst – über den Verlauf mehrerer Inkarnationen seiner geistigen Wesenheit – zu einem freien geistigen Wesen weiterentwickelt [104].

ab, betonen aber, dass das Erzielen von Gewinnen unter ethischen Nebenbedingungen einerseits der Effekt guter Kundenorientierung, andererseits die Voraussetzung für ein erfolgreiches, nachhaltiges Wirtschaften ist.

> „Unternehmerische Tätigkeit hat immer [...] nur eine einzige Aufgabe: Das ist die Bedürfnisdeckung von Menschen. Einen anderen Grund für unternehmerische Tätigkeit gibt es nicht. Alles andere ist Unsinn. Es ist in jeder Hinsicht Unsinn. Es ist marktwirtschaftlich Unsinn, etwas anderes zu definieren. Es ist betriebswirtschaftlich Unsinn, das anders zu definieren. Was wir jetzt überall merken ist: Gewinnerzielung ist eine Nebenbedingung wirtschaftlicher Tätigkeit – und damit auch der Gewinn – aber niemals ein sinnvolles Ziel." (Jorberg, GLS Bank).

3.) Wachstum für mehr Nachhaltigkeit: Im makroökonomischen Kontext zeigen sich die Befragten mehrheitlich wachstumskritisch. Sie begründen die teilweise zweistelligen Wachstumsraten ihrer eigenen Unternehmen als Ergebnis ihrer radikalen Kundenorientierung bzw. als Notwendigkeit, um die eigene Qualität bzw. Nachhaltigkeit der Wertschöpfungsprozesse noch steigern zu können. Mehrere der Befragten beschreiben das eigene Wachstum als sinnvolle Substitution nicht-nachhaltiger Praktiken anderer Marktteilnehmer: Ihr Wachstum bedeutet, dass nicht-nachhaltige Konkurrenten weniger wachsen oder gar schrumpfen. Mehrere der Befragten betonen, dass sie keinem Wachstumszwang unterliegen – Lebensbaum begrüßte 2016/17 sogar einen Umsatzeinbruch als chancenreiche Konsolidierungsphase. Einigkeit besteht darüber, dass quantitatives Wachstum nicht zu Abstrichen am Qualitäts- und Nachhaltigkeitsanspruch führen darf, sondern dass die Nachhaltigkeit eher noch gesteigert werden soll. Dennoch berichten mehrere der Befragten von der Herausforderung, die hohen Qualitätsansprüche und Grundhaltungen auch trotz der zahlreichen Neu-Einstellungen von Mitarbeitern beizubehalten. Der Möglichkeit, dass es im Zuge des Wachstums der Unternehmen zu einer

Verwässerung der Nachhaltigkeitsausrichtung kommt, wird bewusst entgegengewirkt.

4.) Grundsätzlich kritische Haltung zur bestehenden Weltordnung / Systemkritik: Alle Unternehmensleiter bringen facettenreiche, aber durchweg grundlegende Kritik an der bestehenden wirtschaftlichen und politischen Weltordnung vor.

> „Die ganze Nachhaltigkeitsdiskussion ist ja nur eine Konsequenz daraus, dass unsere Systeme so gebaut sind, dass sie nicht nachhaltig sind." (Jorberg, GLS Bank).
>
> „Das Wirtschaftssystem funktioniert, aus meiner Sicht, für diese Welt nicht." (von Dewitz, VAUDE).
>
> „Es gibt ein Markt-Staatsversagen." (Stellmann, WALA).

5.) Regulatorik als systemische Hemmnisse nachhaltiger Entwicklung: Die systemkritische Haltung drückt sich am stärksten dadurch aus, dass alle Befragten staatliche Auflagen bzw. gesetzliche Regulatorik als größtes Sorgenkind für ihr Wirken benennen. Zwar seien die gesetzlichen Auflagen von der ursprünglichen Intention darauf ausgerichtet, Missbrauch zu verhindern, in der Praxis der Nachhaltigkeitspioniere entpuppen sie sich jedoch als schwerwiegendste Hemmnisse ihrer Bemühungen.

> „Das ist sicher ein Erlebnis, was man nicht krass genug nennen kann in allen Bereichen: Die vielen Rechtsnormen, die eigentlich dazu dienen sollen, dass Fehlverhalten ausgeschlossen wird. [...] Aber dadurch wird der Schafstall immer enger, in dem wir uns bewegen. Die Regeln verengen unser Potential enorm. Es bedarf der aller-allergrößten Anstrengung, um nur in kleinsten Schritten etwas davon wieder aufzulösen. Das behindert radikal zukünftige Entwicklung." (Rehn, Alnatura).

4.3.4 Haltung zur Wirtschaftswissenschaft / Mainstream-Ökonomie

Ebenfalls kritisch positionieren sich vier von fünf der Befragten hinsichtlich der Mainstream-Ökonomie bzw. klassischen Betriebswirtschaftslehre. Diese trüge nicht zur nachhaltigen Entwicklung bei, habe dieser sogar entscheidend entgegengewirkt.

> „In den Neunziger Jahren haben die Neoklassiker und die Wirtschaftsliberalen diesen Begriff [Nachhaltigkeit] umdefiniert. Sie haben daraus einfach „Sustainable Growth" gemacht, und alle haben diesen Begriff ohne ihn zu hinterfragen übernommen. Und die, die gesagt haben, ‚Moment mal, hier wird etwas pervertiert', die wurden natürlich als Abtrünnige verschrien." (Stellmann, WALA).

Zwei der anthroposophisch orientierten Unternehmensleiter betonen eine ursprünglich soziale Ausrichtung der Wirtschafswissenschaften. Diese ist (so Stellmann) in der aristotelischen Unterscheidung von Versorgungs- und Erwerbswirtschaft (Oikonomiké und Kapeliké) angelegt, sei aber in der Mainstream-Ökonomie (im Zuge einer zu starken Orientierung an den Naturwissenschaften) in Vergessenheit geraten:

> „Das ist Grundkurs BWL: Es gibt ein Bedürfnis. Dem Bedürfnis schlage ich sozusagen eine Anzahl zu; dann ist es ein Bedarf. Dem Bedarf trage ich eine Kaufkraft zu, dann ist es eine Nachfrage. Man kann das Ganze aber anders betrachten. Nämlich dem Anderen das Leben zu erleichtern, zu verbessern, zu verschönern. Es geht nicht darum, Geld zu verdienen. Aristoteles war der erste, der darüber nachgedacht hat. Er hat unterschieden zwischen Kapeliké und Oikonomiké. Oikonomiké war die Versorgungswirtschaft, Kapeliké der Warenhandel. Über den Warenhandel hat er gesagt, der wachse unendlich. Und der wächst auch unendlich [...] Für mich heißt Wirtschaftsleben aber, für den Anderen da zu sein. Und deswegen ist für mich das Wirtschaftsleben im Kern ein soziales Phänomen." (Stellmann, WALA)

4.4 Selbstverständnis in Bezug auf nachhaltige Entwicklung

Alle Interviewpartner verstehen ihre Unternehmung als Pionier und Vorbild einer radikal auf Nachhaltigkeit ausgerichteten Wirtschaftsweise und sehen auch hierin ihr größtes Wirkungspotential. Sie wollen als ermutigendes Positivbeispiel vorangehen und zeigen, dass nachhaltiges Wirtschaften in ihrer Branche möglich ist, auch um Nachahmer zu finden.

> „Also ich glaube, den größten Beitrag den wir leisten ist dieses Zeigen, dass es geht! Das ist wahnsinnig anstrengend, weil wir es eben als Pionier tun. Und es wäre weitaus bequemer, wenn man die Rahmenbedingungen bereits hätte, dass sich nachhaltiges Handeln auch lohnt. So müssen wir uns das selbst erarbeiten, dass es sich lohnt. Aber dieses Vorleben, dass es funktioniert und du wirtschaftlich in einem wirklichen schwierigen Markt Erfolg hast, als Mittelständler, der durch und durch nachhaltig ist oder auf diesem Weg ist, durch und durch nachhaltig zu werden, das ist glaube ich die größte Bedeutung, die wir haben können und auch haben. [...] Wir schreiben eine Hoffnungsgeschichte. Wir geben den Leuten Mut. Und zwar nicht nur den Kunden, sondern auch dem Handel, die dann auch Mut haben, auf Werte zu setzen. Wir geben Politikern Mut, für Lösungen einzustehen. Wir geben hier Menschen – den Mitarbeitern – Mut, für ihre Werte gerade zu stehen. In einer Zeit wie dieser ist es, glaube ich, wirklich wichtig, Sachen zu haben, an die du wirklich glauben kannst. Und ich glaube, wir sind etwas, an das man wirklich glauben kann. Und das ist ein Mutmacher und ein Hoffnungsschenker." (von Dewitz, VAUDE).

Die Leiter der anthroposophisch orientierten Unternehmen verweisen an verschiedenen Stellen auf die kulturelle Situiertheit ihrer Unternehmen und verstehen sich als Kulturgestalter:

> „Wir sind eigentlich ein Kulturbetrieb in einem ökonomischen Kleid. Wir sind kein klassisches Unternehmen." (Stellmann, WALA).

4.5 Weitere handlungsbestimmende Grundlagen

4.5.1 Grundhaltungen

1.) Sinnorientiert handeln und die Warum-Frage stellen: Alle Befragten orientieren sich in ihrem Handeln immer wieder an der Frage nach dem Sinn – deren Beantwortung sie zur nachhaltigen Praxis führt.

> „Das Ganze [...] wird überstrahlt durch dieses Immer-wieder-fragen nach dem Sinn: Wenn wir ein Projekt machen, fragen wir erstmal: Warum machen wir das Projekt? Nicht gleich: Wie machen wir das Projekt. [...] Wenn man sinnorientiert handelt, ist das Ergebnis Nachhaltigkeit." (Rehn, Alnatura).

2.) Kooperation statt Konkurrenz: Die Interviewpartner bringen eine grundsätzliche Gesprächs- und Kooperationsbereitschaft zum Ausdruck.[58] Sie gestalten zahlreiche Partnerschaften mit Stakeholdern und suchen auch die Kooperation mit Wettbewerbern.

> „Nachhaltigkeit ist Teamsport. Und es ist vor allem da Teamsport, wenn du ein kleines Unternehmen bist. Also wir können nur vorwärtskommen, indem wir Partner haben – indem wir langfristig agieren – indem wir unheimlich viel Energie reinstecken." (von Dewitz, VAUDE).

Das heißt nicht, dass grundsätzlich immer und mit jedem kooperiert wird. Im Gegenteil – die Auswahl, Ausgestaltung und Fortführung von Partnerschaften wird radikal durch die normative Ausrichtung auf Nachhaltigkeit determiniert. Es kommt auch schon mal dazu, dass Partner aussortiert werden, die den Nachhaltigkeitsansprüchen einfach nicht genügen wollen.[59]

---

58 Das Wort „Konkurrenz" wurde in keinem der fünf Interviews genannt, das Wort „Partner" hingegen insgesamt 38 mal.

59 Hier deutet sich ein Widerspruch zwischen grundsätzlicher Kooperationsbereitschaft und radikaler Auslese nach normativen Gesichtspunkten an. Auf den Umgang der Pioniere mit Widersprüchlichkeiten und Paradoxien wird noch separat eingegangen.

3.) Plurale Offenheit statt Dogmatik: Im Gesamtkontext der einzelnen Interviews legen die Befragten eine grundsätzlich tolerante und offene Haltung gegenüber der Vielfalt menschlicher Ansichten und Ausrichtungen an den Tag. Einseitige Verengung von Theorien, Lehren und Normen bzw. die tunnelblickartige Orientierung an geschlossenen Modellvorstellungen wird von der Mehrheit der Befragten abgelehnt.[60]

> „Außerdem kann ja jeder für sich entscheiden – wir leben ja noch (Gott sei Dank) in einer offenen pluralistischen Gesellschaft – seinen Weg zu gehen. Wir müssen doch nicht immer über die Modelle der anderen urteilen. Es ist doch absolut naiv, muss ich schon sagen, sich anmaßen entscheiden zu wollen, welches Modell richtig ist. Es sind viele Modelle parallel *nebeneinander* sinnvoll und richtig. Es ist gar nicht unsere Aufgabe, ständig zu sagen: So *oder* so. (Rehn, Alnatura).

4.) Radikal statt angepasst: Die Mehrheit der Befragten bringt eine deutliche Radikalität ihrer unternehmenspraktischen Ausrichtung auf die normativen (Nachhaltigkeits-) Ziele zum Ausdruck. Der Nachhaltigkeit wird alles andere untergeordnet. Von der hohen Qualität wird nicht abgewichen, selbst nicht angesichts der Möglichkeit, höhere Gewinne zu machen. In Bezug auf Partner und Mitarbeiter heißt das: Für eine Zusammenarbeit wird die grundsätzliche Offenheit bzw. Entwicklungsbereitschaft für die Nachhaltigkeits-Ziele vorausgesetzt.

> „Für unsere Überzeugungen sagen wir auch manchmal bewusst ‚Nein': Wegen unseres selektiven Vertriebs werden wir immer wieder gefragt, warum die WALA nicht Discounter-Drogeriemärkte beliefere. Natürlich könnten wir damit mehr Umsatz machen. Und nach wie vor gilt in der Wirtschaft der alte Satz: ‚Über Umsatz spricht man, Gewinn hat man.' – Uns interessiert jedoch nicht, worüber man spricht. Wir wollen einfach unsere Arbeit machen, auf Basis unserer Unterneh-

---

60 Hier deutet sich ein weiterer Widerspruch an: Zwischen grundsätzlich offener und pluralistischer Ausrichtung und der radikalen Verfolgung des eigenen (nachhaltigkeitsorientierten) Ansatzes.

menswerte, die uns so wichtig sind, dass wir uns hierbei auf keine Kompromisse einlassen." (Stellmann, WALA).

5.) Kontinuierliches Streben nach Verbesserung – orientiert am Ideal: Fast alle Befragten betonen im Interviewverlauf ihr andauerndes Streben nach weiterer Verbesserung ihrer Nachhaltigkeit und Qualität. Ein Nachlassen kommt in diesem stetigen Bemühen um Weiterentwicklung nicht in Frage. Dabei verfolgen sie ein Idealbild, das sie teilweise selbst für unerreichbar halten.

„Idealzustand gibt es nie. 100 Prozent gibt es nie." (Jorberg, GLS Bank).

„Das Leben ist ein ständiges Bemühen. Ja? Das gilt für uns auch. Wenn wir hier nachlassen an irgendwelchen Stellen, kommen wir nicht weiter." (Walter, Lebensbaum).

Die Leiter der anthroposophisch orientierten Unternehmen betonen, dass sie die dahinterliegende kognitive Dissonanz, die sich im Auseinanderfallen von *Streben-Nach* und *Schon-Sein* offenbart, erkennen und bewusst gestalten.

4.5.2 Leitsätze

Einige der in den vorigen Kapiteln dargestellten sowie weitere Grundhaltungen der Unternehmen kommen durch Slogans und Parolen zum Ausdruck, die von (oftmals mehreren) Befragten während der Interviews (teilweise mehrfach) benutzt wurden.

1.	„Im Mittelpunkt der Mensch."	Sinn und Zweck unserer Unternehmung und der Wirtschaft ist es, dem Menschen zu dienen. (Jorberg, GLS Bank; Rehn, Alnatura; Stellmann, WALA).
2.	„Am Widerstand wächst man."	Wir stellen uns den betrieblichen und systemischen Hemmnissen und Herausforderungen, die unser Nachhaltigkeitsanspruch mit sich bringt. (Stellmann, WALA).
3.	„Führung zur Selbstführung."	Führung heißt, im Unternehmen den Raum zu schaffen, in dem Mitarbeiter lernen können, ihr Selbst zu führen / zu entwickeln. (Jorberg, GLS Bank; Rehn, Alnatura).
4.	„Eigenständiges im Sinne des Ganzen."	Mitarbeiter denken selbstständig mit und Handeln aus eigenem Antrieb im Sinne der Unternehmung. (Stellmann, WALA).
5.	„Wir sind nicht die Caritas"	Auch wir müssen effizient wirtschaften und verhandeln. (Walter, Lebensbaum; Stellmann, WALA).
6.	„Verantwortungsvoll handeln heißt vorangehen."	Wer konsequent nachhaltig handeln will, muss in dieser Gesellschaft als Pionier neue Wege gehen. (Walter, Lebensbaum).
7.	„Ganz oder gar nicht."	Wenn schon nachhaltig, dann richtig – durch und durch. (von Dewitz, VAUDE).
8.	„Idealzustand gibt es nie."	Wir wollen uns kontinuierlich verbessern. (Jorberg, GLS Bank).
9.	„Die Qualität muss spürbar sein."	Unsere besondere Nachhaltigkeit muss der Kunde erleben können. (Jorberg, GLS Bank; Rehn, Alnatura).

Tabelle 3: Leitsätze, Slogans und Parolen und deren Bedeutung im Interviewkontext.

4.5.3 Tugenden und Charaktereigenschaften

Tabelle 4 nennt eine Reihe von Charaktereigenschaften, die sich entweder aus dem Kontext des Gespräches ergeben haben, oder von den Befragten selbst benannt wurden:

	Charaktereigenschaft / Tugend	**Häufigkeit**
1.	Feste Entschlossenheit (i.S.v. eisernem Willen / Radikalität)	5
2.	Brüderlichkeit (i.S.v. für den Anderen da sein)	4
3.	Geduld / (i.S.v. langfristig denken)	3
4.	Genügsamkeit (i.S.v. Verzichtsbereitschaft)	2
5.	Verantwortungsübernahme inkl. Konsequenzbereitschaft	2
6.	Authentizität (i.S.v. selbst vorleben, was man predigt)	1
7.	Demut (i.S.v. eigenen Erfolg als Glück bzw. Gnade und Misserfolg als selbstverursacht deuten)	1

Tabelle 4: Charaktereigenschaften und Tugenden der Befragten sowie die Anzahl der Gesprächspartner, die diese nennen bzw. aus deren Interviewkontext diese Eigenschaft deutlich hervorgeht.

Ulrich Walter (Lebensbaum) und Johannes Stellmann (WALA) verweisen besonders häufig auf die Bedeutung bestimmter solcher Eigenschaften für den Erfolg ihrer Tätigkeit.

4.5.4 Kompetenzen

Die Befragten benennen eine Reihe von Kompetenzen, die sie für das Gelingen nachhaltigen Unternehmertums für entscheidend halten.

1.) Widersprüche aushalten und gestalten: Alle Befragten verweisen im Verlauf des Gespräches darauf, dass ihnen – gerade wegen ihrer radikalen Ausrichtung auf Nachhaltigkeit – wiederholt Widersprüche, Paradoxien, Zielkonflikte bzw. Antagonismen begegnen. Deren Bandbreite reicht von Grundsatzfragen (z.B. zwischen Wirtschaftlichkeit und Nachhaltigkeit) bis hin zu konkreten Fällen (z.B. widersprüchliche Stakeholderinteressen oder gesetzliche Regulatorik, die ein nachhaltiges Vorgehen erschwert). Auffällig ist, dass die Befragten diese vermeintlichen Widersprüche nicht als Unvereinbarkeit begreifen, sondern als auszuhaltende Gestaltungsherausforderung.

> „Die Vision ist das Eine, was wichtig ist, um so ein Unternehmen auf Dauer aufzubauen und zu entwickeln – aber auch das Umgehen und das Bewusstmachen von Widersprüchen. Denn die Überwindung der Widersprüchlichkeit ist im Prinzip eines der wesentlichen Entwicklungsfelder von uns Menschen." (Jorberg, GLS Bank).

2.) Höhere Komplexität erfordert höhere Professionalität und stetige Anstrengung: Vier der fünf Befragten verweisen im Verlauf des Gespräches darauf, dass ihre besondere Ausrichtung auf Nachhaltigkeit eine gesteigerte Komplexität im Unternehmenshandeln mit sich bringt. Die höhere Komplexität begründen sie damit, dass der in der Mainstream-Wirtschaft üblichen Zielmonismus (Streben nach Profit) bei Ausrichtung auf Nachhaltigkeit einer Zielpolyphonie (Streben nach gesunder Entwicklung von Mensch, Umwelt, Wirtschaft und Kultur) weicht. Die Bewältigung der höheren Komplexität bedeutet für die Befragten oftmals eine an Überforderung grenzende Anstrengung. Sie erfordert kontinuierliche Bemühung und ein Höchstmaß an Professionalität, insbesondere was den Umgang mit den nachhaltigkeits-hinderlichen gesetzlichen Rahmenbedingungen angeht.

> „Für mich ist das kein Widerspruch. Du musst exzellent wirtschaften, um das Nachhaltige integrieren zu können. Du musst einfach hochprofessionell sein. Wenn Du nicht hochprofessionell bist, dann funktioniert es nicht. Du brauchst eine hervorragende Methodik. Es ist einfach komplexer. Komplexer. Dynamischer. Und du brauchst eine super Methodik, um dieser Komplexität Herr zu werden. (von Dewitz, VAUDE).

3.) Radikal anders und langfristig denken: Die Mehrheit der Befragten weist darauf hin, dass es für das Gelingen nachhaltigen Wirtschaftens einer radikal anderen Denkweise bedarf. Diese hat laut einzelnen Befragten folgende Eigenschaften: Sie greift das verfügbare Wissen über Nachhaltigkeit auf, um es (vom Wissen zum Handeln) in die Praxis zu bringen und ist durch eine langfristige Perspektive (die die eigene Generation überdauert) geprägt.

> „Wenn man im Bereich des technischen, des machbaren, des – ja vielleicht auch irgendwie sektiererischen, einseitigen Denkens stehenbleibt, kommt man nicht zu einer echten Nachhaltigkeit, die doch eine andere, radikal andere Denk- und dann Handlungsweise verlangt." (Rehn, Alnatura).

> „Wir veranlagen hier Projekte […], über einen Zeitraum von 25 bis 35 Jahren. Die Ergebnisse werde ich in meiner aktiven Zeit nicht mehr erleben." (Stellmann, WALA).

4.) Stakeholderbedürfnisse erkennen und voraussehen: Mehrere der Befragten betonen die für nachhaltige Unternehmensführung besondere Bedeutung der Kompetenz, bestehende und sogar künftige (noch unbewusste) Bedürfnisse der eigenen Stakeholder (insbesondere der Kunden) zu erforschen bzw. zu antizipieren und sich entsprechend flexibel darauf einstellen zu können.

> „Und wir müssen auch draußen im Markt schauen – unsere Partner, Stakeholder wie man sie ja heute nennt, oder unsere Kunden – was haben die für Erwartungen an uns? Das alles braucht auch eine gewisse Forschung – sozusagen Marktforschung: Dass man weiß, was ist denn gewollt? Aber dass man nicht nur dem folgt, was denn gewollt ist, sondern dass wir sozusagen auch antizipieren, was vielleicht in Zukunft gewollt ist – was auch notwendig ist – und dass wir es ergänzen durch die Dinge, die wir vielleicht schon wissen – weil wir uns täglich damit beschäftigen." (Walter, Lebensbaum).

5.) Andere für Nachhaltigkeit begeistern: Insbesondere Ulrich Walter (Lebensbaum) betont die für das Gelingen nachhaltigen Unternehmertums die besondere Bedeutung der Kompetenz, andere Menschen (insbesondere Mitarbeiter und Kunden) durch positive Botschaften, Vorbildsein und geeignete Kommunikation für das Thema Nachhaltigkeit zu begeistern.

> „Und das ist genauso in der Pädagogik: Wenn ich etwas predige, was ich nicht selber bereit bin zu leben, dann werden mir die Leute nicht folgen. Dann hat es keinen Wert für sie. Weil sie sagen: Was redet der denn da, der handelt ja ganz anders. Und so ist das hier eben auch. Und ich muss zeigen – es muss irgendwo ein Kick drin sein, es muss auch Spaß machen. Es muss auch anregen. Ich kann nicht immer mit dem drohenden Zeigefinger kommen. Das frustriert eher. Es [Nachhaltigkeit] muss Spaß machen." (Walter, Lebensbaum).

4.5.5 Führungsverständnis

1.) Partizipative Beratung in flachen Hierarchien als praktisches Erfordernis:
Die Befragten haben kein klassisch-hierarchisches Führungsverständnis, in dem Entscheidungen an der Spitze des Unternehmens getroffen und entsprechende Befehle top-down delegiert werden. Schon um der höheren Komplexität durch die nachhaltige Ausrichtung begegnen zu können, betrachten sie es als Erfordernis, ihre Mitarbeiter in die Unternehmensführung mit einzubeziehen. Der Entscheidungsprozess beginnt mit Dialogprozessen, in denen Erfahrung und Expertise aller Mitarbeiter gefragt sind. Die Unternehmensberater verstehen sich dabei, so Walter (Lebensbaum), als „Member of the Group".

> „Wenn du jetzt nur wenige Entscheider hast, dann kommst du mit der Komplexität nicht klar. Wir müssen ein Unternehmen haben, wo wir unsere ganzen Fachbereiche auf Augenhöhe haben, damit diese selbstbewusst ihre Fachexpertise reingeben und wir dann gemeinsam in der Lage sind, die richtigen Entscheidungen zu treffen. Weil man durch die Komplexität einfach immer ganz viele Perspektiven hat. Das heißt also: Partizipation ist für mich, um das Unternehmen erfolgreich führen zu können, ein absolutes Muss. In Unternehmensent-

> scheidungen, in richtungsweisenden Entscheidungen brauche ich einfach ganz viel Partizipation. Grundsätzlich." (von Dewitz, VAUDE)

Stellmann (WALA) differenziert dabei zwischen dem hoch partizipativen Dialog- und Beratungsprozess, der einer Entscheidung vorangeht, und der letztendlich durch die Unternehmensleitung zu treffenden und dafür verantwortlich zu zeichnenden Entscheidung.

2.) Führungsaufgabe als Schaffen sinngebender Selbstentwicklungsmöglichkeit:
Die Befragten begreifen die Führungsaufgabe mehrheitlich als das Schaffen eines Rahmens, in dem Mitarbeiter ihr Potential entfalten können, indem sie den Sinn ihrer Tätigkeit begreifen und dadurch sinn-motiviert selbstständig arbeiten können. Dies führe zu einer höheren Arbeitsqualität, auf welche die Unternehmen angesichts ihrer hohen Qualitäts- und Professionalitätsansprüche (siehe oben) angewiesen sind.

> „Führungsaufgabe ist Rahmenbedingungen zu bauen. Auf Augenhöhe. Sparringpartner zu sein. Es ist eben nicht Machtworte sprechen. Es ist viel eher, Leute handlungsfähig zu machen, sozusagen – handlungs- und verantwortungsübernahme-fähig zu machen." (von Dewitz, VAUDE).

4.6 Motivations-, Inspirations- und Erkenntnisquellen

Die Antworten zur Frage nach den Inspirations- und Motivationsquellen der besonderen Ausrichtung auf Nachhaltigkeit fielen divers aus. Vier der Befragten berichteten von prägenden Ereignissen und Erfahrungen aus ihrer persönlichen Biografie. Somit ist als wesentlichster Quellbereich die *individuelle Sozialisation* zu benennen.

1.) Familie & Erziehung: Drei der Befragten benennen ihre Erziehung, innerfamiliär gelebte Grundhaltungen bzw. das Vorbild von Eltern und Verwandten als prägend für ihre nachhaltigkeitsorientierte Grundhaltung.

2.) Schule und Jugend: Jeweils ein Befragter nannte die Vermittlung ökosystematischer Zusammenhänge durch Lehrer während der Schulzeit sowie die Erfahrung von Selbstwirksamkeit im Zuge der Mitwirkung in einer Jugendorganisation als prägend.

3.) Heimat und Herkunft: Zwei der Befragten berichten von den Zuständen und Gepflogenheit der Heimat, in der sie aufgewachsen sind. Beide beschreiben das Spielen in intakter Natur als prägende Erfahrung – sowohl im dörflichen, wie auch im urbanen Kontext.

4.) Studium und Beruf: Vier der fünf Befragten berichten von Phasen der vertieften inhaltlichen Auseinandersetzung mit Themen wie Moral und Ethik, Management, Organisationsentwicklung, Philosophie oder Anthroposophie z.B. während des Studiums. Drei der Befragten geben an, zunächst andere Berufsziele verfolgt zu haben (z.B. Arzt, NGO-Mitarbeiter, Sozialpädagoge), und dadurch für ihre heutige Praxis wertvolle Orientierungen aufgenommen zu haben.

5.) Begegnung mit fremden Milieus, Werte- und Kultursystemen: Drei der Befragten beschreiben die Begegnung mit fremden sozialen Milieus und Kulturkreisen als prägend für die Reflektion der eigenen Werthaltungen. Zwei davon beziehen sich auf Auslandsaufenthalte während Studium und Beruf. Auch der Umzug von der pittoresken Kleinstadt ins Ruhrgebiet der 60er-Jahre wurde von einem Befragten als prägender Kulturschock erlebt.

6.) Generationale Eigenarten, politische Trends und zivilgesellschaftliche Bewegungen: Zwei der Befragten beschreiben typische Verhaltensweisen und Grundhaltungen ihrer Altersgeneration als prägend.

So z. B. die kritisch-hinterfragende Grundhaltung der „Generation Y", die Anti-Establishment-Haltung der Reformbewegungen der 60er- und 70er Jahre sowie die Pro-Umwelt-Haltung der Umweltbewegungen der 80er- und 90er Jahre.

Darüber hinaus nannten die Gesprächspartner weitere Inspirationsquellen, die für die Ausprägung ihrer sozialökologischen Grundhaltung entscheidend waren.

7.) Gründungsmythen: Insbesondere Jorberg (GLS Bank) und Stellmann (WALA) verweisen bei der Frage nach der Quelle ihrer Grundausrichtung auf Aussagen der (anthroposophisch inspirierten) Gründer ihrer Unternehmen, deren Gedanken in der Ausgestaltung der gegenwärtigen Unternehmenspraxis noch immer von Bedeutung sind. Auch Antje von Dewitz (Vaude) verweist auf den Einfluss der Grundhaltung („nichts ist unmöglich") des Gründers (ihres Vaters), von dem sie das Unternehmen 2009 übernommen hat. In Absatz 9 sind die Verweise aufgelistet.

8.) Anthroposophie: Thomas Jorberg (GLS Bank), Götz Rehn (Alnatura) und auch Johannes Stellmann (WALA) geben an, dass insbesondere bei der Gründung, aber auch in der heutigen Gestaltungspraxis der Unternehmung die Anthroposophie eine besondere Rolle spielt. Die Anthroposophie ist für sie eine Erkenntnislehre[61], die auf dem goetheanistischen Weltzugang fußt. Demnach ist menschliches Handeln das Ergebnis geistiger Erkenntnisse, die aus der phänomenologischen Betrachtung und qualitativen Erfahrung (materiell-weltlicher ebenso wie auch seelischer und geistiger Prozesse) gewonnen werden. Die Praxis der besagten Unternehmen basiert somit nicht auf der Anwendung oder Nachahmung vorgeschriebener Erkenntnisse zur Unternehmensgestaltung, sondern ist das Ergebnis der individuellen Erkenntnisse, zu denen die Gründer und jetzigen Unternehmensleiter, inspiriert durch

---

61 Rudolf Steiner beschreibt die Anthroposophie als *„Erkenntnisweg, der das Geistige im Menschenwesen zum Geistigen im Weltenall führen möchte."* [108].

den von Rudolf Steiner beschriebenen Erkenntnisweg, gekommen sind.

> „Die Erfahrungen und Erkenntnisse führen zu einem Menschen- und Weltbild und dieses wiederum zu der Erkenntnis: Wirtschaft ist für den Menschen da – und nicht der Mensch für die Wirtschaft. Das führt auch zu der Erkenntnis, dass man Wirtschaft anders denken muss – nicht mechanistisch, sondern organisch; dass man auch dazu kommt, zu begreifen, dass es ein Entwicklungsort für menschliche Biografien ist. Das führt auch wieder dazu, dass man das anders gestaltet. [...] Das hat wiederum Auswirkungen auf die Produkte. Erstmal auf die Qualität. Und so reicht das eine dem anderen die Hand." (Rehn, Alnatura).

9.) Leitfiguren aus Wissenschaft und Praxis:
Tabelle 5 zeigt, dass vier der fünf Befragten im Zuge der Interviews eine Reihe von Persönlichkeiten benennen, die ihr Grundverständnis von Wirtschaft, Nachhaltigkeit, Ethik, ihr Weltbild bzw. die besondere Unternehmensausrichtung mitgeprägt haben.

4.7 Geistige Grundlagen bestimmen die Nachhaltigkeitspraxis

In den folgenden Kapiteln wird dargestellt, dass und wie in allen der fünf Unternehmen nachhaltigkeitsrelevante Leitideen die Unternehmensziele bestimmen und alle Managementebenen durchdringen.

Vier von fünf Befragten verdeutlichen, dass die nachhaltige Ausrichtung bereits in der Unternehmensvision (unabhängig, ob es ihre eigene Vision ist oder diese von Gründern oder Vorgängern adaptiert wurde) begründet ist. Schon der ideelle Ursprung bzw. das vorstellungsgemäße Idealbild der Unternehmung enthält bei den Unternehmen der Befragten grundsätzliche nachhaltigkeitsrelevante Aspekte.

Name	Genannt von:
Aristoteles (Philosoph) und Heraklit (Philosoph)	Stellmann (WALA)
Wilhelm Ernst Barkhoff (deutscher Rechtsanwalt, Mitgründer der GLS Bank)	Jorberg (GLS Bank)
Hans-Christoph Binswanger; Rachel Carson; Peter Drucker; Walter Krieg; Reinhard Pfriem; Hans Ulrich. (Wissenschaftler, insbesondere Ökonomen)	Stellmann (WALA)
Dalai Lama, S.H. der 14.	Walter (Lebensbaum)
Rudolf Steiner (österr. Philosoph und Publizist, Begründer der Anthroposophie)Jorberg (GLS Bank), Rehn (Alnatura),	Stellmann (WALA)
Johann Wolfgang von Goethe	Stellmann (WALA)
Ita Wegman (Mitbegründerin der anthroposophischen Medizin) und Rudolf Hauschka (Gründer der WALA)	Stellmann (WALA)
Herbert Witzenmann (Anthroposoph und Unternehmer)	Rehn (Alnatura)

Tabelle 5: Leitfiguren aus Wissenschaft und Praxis, die von den Befragten zitiert oder namentlich benannt wurden. Die jeweilige Bedeutung für den Befragten ist im Einzelfall an Hand der Interviewtranskripte nachzuvollziehen.

Auch bei der Beurteilung ihres Erfolgs werden die normativen bzw. nachhaltigkeitsrelevanten Zielgrößen neben den ökonomischen mindestens gleichrangig einbezogen. Zwei der Befragten weisen in dem Zuge ausdrücklich darauf hin, dass sich der Erfolg normativer Zielgrößen kurzfristig gar nicht, sondern erst langfristig in ökonomischen Kennzahlen abbilden lässt. Die allein an finanziellen Indikatoren im Rahmen der Quartalsberichte erfolgende Beurteilung der Performance börsennotierter Unternehmen wird von zwei der Befragten als schwerwiegendes Hemmnis der nachhaltigen Entwicklung kritisiert.

In den folgenden Kapiteln werden einige der von den Befragten erwähnten Managementpraktiken, Strategien und Konzepte beispielhaft vorgestellt.[62] Als kapitelübergreifendes Textbeispiel vermittelt das folgende Zitat von Ulrich Walter (Lebensbaum) einen Überblick über einige Eckpfeiler (kursiv markiert) der transformativen Managementpraktiken, die in ähnlicher Form bei allen Befragten ausgeprägt sind.

> „Wir waren das erste reine Bio-Unternehmen in Deutschland, das ein Umweltmanagement eingeführt hat. [...] Und wir haben dann alles in ein *integriertes Managementsystem* überführt, das heute so modern ist, wie nur irgendetwas. [...] Also alles, ob das Umweltmanagement, ob das Qualitätsmanagement ist, ob das andere Managementsysteme sind, ob das unsere Nachhaltigkeitspolitik ist: Alles ist in diesem integrierten Managementsystem enthalten. [...] Wir haben das dann ausgeweitet. Wir haben unsere *Partner* [...] mit einbezogen. Auch unsere *Stakeholder haben wir mit einbezogen*. Wir haben das weiter entwickelt in ein sogenanntes Lebensbaum-Partner-System, wo wir einen eigenen *Code of Conduct* aufgestellt haben. [...] Und haben uns schlussendlich dann auch entschieden, hier auch im Unternehmen dieses ganze Thema Nachhaltigkeit so zu verankern. Zum Beispiel in *Protokollen gibt es immer eine Rubrik: ‚Berührt das unsere Nachhaltigkeitspolitik?'* So, dass es immer mitschwingt. Die *internen Audits, die man innerhalb dieser Managementsysteme macht, beinhalten Nachhaltigkeit*. Vor einigen Jahren habe ich dann entschieden, dass wir einen *Nachhaltigkeitsbeauftragten* einstellen, der sich ausschließlich mit diesem Thema beschäftigt. [...] Dann haben wir uns schon vor vielen Jahren dazu entschieden einen *Nachhaltigkeitsbericht* zu veröffentlichen. [...] Das machen wir, damit sich andere auch daran orientierten können, die mögen, und damit wir es für uns selbst transparent machen. Weil, wenn die Menschen [Mitarbeiter] wissen, was sie – wie und warum – tun, kommt dabei

62 Es wäre vermessen zu denken, die praktische Umsetzung des Themas Nachhaltigkeit beschränke sich bei den Unternehmen der Befragten auf die in den Interviews genannten Konzepte, Strategien und Praktiken. Schon ein kurzer Blick in die Nachhaltigkeitsberichte der Unternehmen offenbart, dass in den Interviews nur ein Bruchteil des weitreichenden Engagements abgebildet werden konnte. Unternehmensleitern, Wissenschaftlern und anderen Interessierten, die auf der Suche nach Praxisbeispielen sind, wird deshalb empfohlen, die Nachhaltigkeitsberichte der Unternehmen einzusehen (Internetlinks dazu in den Unternehmensportraits am Ende des Buches).

tatsächlich auch ökonomisch eine höhere Effizienz heraus." (Walter, Lebensbaum).

4.7.1 Beispiele aus der Unternehmenspolitik

Entsprechend der bereits dargestellten grundsätzlichen Durchgängigkeit sind die verschiedenen Aspekte der Nachhaltigkeit bei allen Unternehmen fest und prominent in den Unternehmenszielen verankert.

Die Befragten beziehen ihre Stakeholder in die Erreichung der Nachhaltigkeitsziele mit ein. Sie übernehmen Verantwortung für die Nachhaltigkeit über die Grenzen des eigenen Unternehmens hinaus entlang der gesamten Wertschöpfungskette. Im Umgang mit ihren Stakeholdern setzen sie auf Augenhöhe, Vertrauen und Verlässlichkeit, Langfristigkeit (es wird von jahrzehntelangen Kooperationen berichtet) und gegenseitige Befähigung. Mehrere der Gesprächspartner fördern die vitale Entwicklung ihrer Lieferanten durch Extraleistungen wie Vorschüsse, Schulungen und Darlehen. Die WALA zahlt seinen Mitarbeitern den „Befähigungslohn" im Voraus. Lebensbaum zahlt trotz Umsatzeinbruch Gehaltserhöhungen aus. VAUDE legt seine Produkte im Design so an, dass sie vom Kunden selbst repariert werden können und publiziert dazugehörige Reparaturanleitungen. Die Bereitschaft der Stakeholder (inkl. Mitarbeiter), sich auf die nachhaltige Grundausrichtung einzulassen, ist dabei Voraussetzung für eine Zusammenarbeit. Mehrere der Befragten suchen ihre Vertriebspartner selektiv auch nach Kriterien der Nachhaltigkeit aus: Es werden keine Geschäfte mit Firmen gemacht, die nicht willens sind, sich in die Richtung der eigenen Nachhaltigkeitskriterien zu bewegen.

4.7.2 Beispiele von Unternehmensverfassungen

Die Mehrheit der Befragten verwies im Zuge der Interviews darauf, dass für die (herausfordernde) handfeste Konkretisierung und Etablierung der Nachhaltigkeit im Unternehmensalltag klar formulierte Leitbilder, Regelwerke, Code of Conducts oder Wertekatalogen von Bedeutung sind. Diese Unternehmensverfassungen dienen allen Organisationsmitgliedern und Stakeholdern als Leitlinien in der täglichen Praxis; die Verwirklichung wird nicht top-down durchgesetzt, sondern partizipativ-dialogisch verfolgt.

4.7.3 Beispiele von Unternehmenskulturen

Johannes Stellmann (WALA) und Antje von Dewitz (VAUDE) führen aus, dass die Grundhaltungen im Unternehmen in Form bewusst gestalteter Unternehmenskulturen lebendig sind, die zu fruchtbaren Entwicklungen führen.

So leben die Mitarbeiter von VAUDE z. B. eine „Vertrauenskultur“: Ein Führungsethos bei dem den Mitarbeitern zunächst ein grundsätzlicher Vertrauensvorschuss und Offenheit zur selbstständigen und individuellen Arbeitsgestaltung (z. B. was Home-Office anbelangt) entgegengebracht wird. Anstatt präventiv allgemeingültige Restriktionen zu bestimmen, wird am konkreten Einzelfall entschieden.

In der WALA lebt die „dialogische Unternehmenskultur“, die (in Anlehnung an Heraklit) den Prozess der Entscheidungsfindung für das Management bestimmt. Dabei suchen die Führungskräfte zunächst den direkten Dialog mit den Mitarbeitern und lassen sich dabei auf deren individuelle Lebens- und Arbeitssituation ein. Den Mitarbeitern wird der gesamte Kontext der anstehenden Entscheidung offengelegt – und sie werden um Rat und Einschätzung gebeten. Auf Basis der dann von den Mitarbeitern gemachten Ratschläge trifft die Führungskraft die Entscheidung, für die sie voll verantwortlich zeichnet.

4.7.4 Beispiele strategischen Managements

Vier der fünf Befragten gaben im Verlauf des Interviews Einblicke in relevante Strategien im Bereich Marketing, Öffentlichkeitsarbeit und Nachhaltigkeitskommunikation.

Die verfolgten Strategien der Befragten gleichen Maßnahmen der Bildung für nachhaltige Entwicklung. WALA und Alnatura verzichten auf manipulative bzw. persuasive Werbung, sondern streben stattdessen an, in Publikationen rein sachlich und informativ über Herstellungsweise, Inhaltsstoffe und Hintergründe zu berichten. VAUDE engagiert sich mit fundierten Nachhaltigkeitsschulungen und Fortbildungen für Mitarbeiter und Partner, um bestmöglicher Vermittler des (komplexen) Themas gegenüber dem Kunden zu sein und gestaltet eine durchdachte Informationskaskade vom Preisschild bis zur Website. Alle Unternehmen veröffentlichen zudem regelmäßig einen umfassenden Nachhaltigkeitsbericht (vier davon nach höchstem GRI-Standard), der von externen Zertifizierungsstellen überprüft wird. Als besonders vorbildlich kann die Nachhaltigkeitsberichterstattung von Lebensbaum genannt werden.[63]

Im Umgang mit den gesellschaftlichen Hürden, die einer Verbesserung der unternehmensspezifischen Nachhaltigkeitspraxis noch im Wege stehen (die überwiegend in ungeeigneter staatlicher Regulatorik gesehen werden), verfolgen die Befragten folgende Strategien:

Alle Befragten betonen die Wichtigkeit, das politisch-regulatorischen Umfeld der Unternehmung aktiv mitzugestalten. Dies tun sie durch (oftmals führende) Mitwirkung in der Verbands- und Lobbyarbeit, durch Interessensvertretung im Rahmen von Gesetzgebungsverfahren, verschiedensten Engagements in der Politikberatung sowie durch das wiederholte Einfordern von Sondergenehmigungen, z.B. mit Hilfe wissenschaftlicher Gutachten, die eine stichhaltige Argumentationsbasis liefern. Dafür betreiben bzw. fördern mehrere der Befragten Forschung und Entwicklung z.B. in enger Zusammenarbeit mit Hochschulen. Diese Zusammenarbeit

63 Der Nachhaltigkeitsbericht der Ulrich-Walter Unternehmensgruppe wurde vom Institut für Ökologische Wirtschaftsforschung wiederholt als bester Nachhaltigkeitsbericht in der Gruppe KMU ausgezeichnet [109].

dehnt sich auch auf die Ausbildung nachhaltigkeitsbewusster Fachkräfte aus.

4.7.5 Beispiele operativen Managements

Mehrere der Befragten verweisen darauf, dass sie für Erfassung, Steuerung und Auditing nachhaltigkeitsrelevanter Aspekte dedizierte Umwelt- bzw. Nachhaltigkeitsmanagementsysteme nutzen und sich an den höchsten Umwelt-, CSR- und Nachhaltigkeitsstandards[64] ausrichten, bzw. diese sogar als Pioniere mitentwickeln. Sie scheuen den Aufwand der entsprechenden Zertifizierungen und die wiederholten Kontrollen nicht. Für die operative Umsetzung beschäftigen alle Befragten zudem (überwiegend mehrere) hauptamtliche Nachhaltigkeitsreferenten bzw. Umweltbeauftragte, die das Thema Nachhaltigkeit abteilungsübergreifend betreuen.[65]

64 z.B. EMAS-III und ISO 14001, Bluesign, Fair Wear Foundation, Demeter, Gemeinwohlökonomie.

65 Siehe Nachhaltigkeitsberichte der Unternehmen, Quellenverweise in den Unternehmensportraits im Anhang 7.2.

5 Nachhaltigkeitsbewusstsein als transformative Kraft

5.1 Geistige Grundlagen als richtungsweisende Essenz

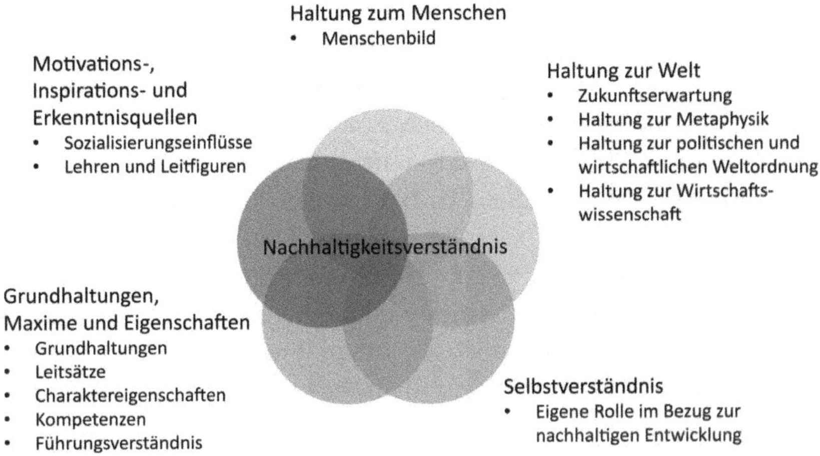

Abbildung 4: Geistige Grundlagen nachhaltiger Unternehmensführung. Oberkategorien der qualitativen Inhaltsanalyse nach Mayring (2010) von fünf 60-minütigen Experteninterviews mit den Geschäftsführern der Firmen Alnatura, GLS Bank, Lebensbaum, WALA und VAUDE. Eigene Darstellung.

Abbildung 4 zeigt als Zusammenfassung die im Rahmen der Interviews herausgefundenen geistigen Grundlagen der Interviewpartner – ohne Anspruch auf Vollständigkeit. Die Darstellung als Venn-Diagramm soll verdeutlichen, dass sich die gebildeten Kategorien inhaltlich überschneiden und vielseitig zueinander in Beziehung stehen.

Als zentraler Schnittpunkt aller Aussagen wurde das individuelle *Nachhaltigkeitsverständnis* der Befragten ausgemacht. Nachhaltigkeit ist für die Befragten ein multidimensional-holistisches Konzept, das konstituierende Bedeutung für den gesamten ideellen und praktischen Unterbau der Unternehmung hat.

Das *Menschenbild* der Befragten ist mindestens humanistisch – bzw. bei den anthroposophisch orientierten Unternehmensleitern vom Einbezug seelischer und geistiger Wesensglieder geprägt.

Die Befragten beziehen eine grundsätzlich systemkritische *Haltung zur bestehenden Weltordnung.* Die staatliche Regulatorik sowie das Fehlen eines stärkeren sozialwissenschaftlichen Bezugs in den modernen Wirtschaftswissenschaften werden als Hemmnisse nachhaltigen Unternehmertums benannt. Einigkeit besteht in der Gemeinwohlorientierung: Wirtschaft muss dem Menschen, nicht dem privaten Profit dienen. Es besteht der Wille, die Weiterentwicklung von Mensch, Gesellschaft und Unternehmung zu fördern. Die Befragten blicken mit Sorge und Hoffnung in die Zukunft und rechnen mit einer weiteren Zuspitzung der Krisen, ebenso wie sie auf den pädagogischen Effekt derselben hoffen („Not erzieht!"). Es besteht pluralistische Offenheit gegenüber spirituellen Weltanschauungen. Die CEOs der anthroposophisch orientierten Unternehmen (AOU) sind von der Existenz metaphysischer und immaterieller Prozesse überzeugt. Dogmatismus wird von allen abgelehnt.

Selbstverständnis: Ihre Unternehmen verstehen die Befragten als Vorbilder und Pioniere eines nachhaltigen Unternehmertums. Die AOU betonen zudem ihre kulturelle Gestaltungsaufgabe.

Grundhaltungen, Maxime und Eigenschaften: Die Befragten zeichnen sich durch eine grundsätzliche Sinnorientierung aus: Gehandelt wird aus eigener Sinn-Erkenntnis. Grundsätzlich suchen sie die Kooperation mit ihren Stakeholdern, soweit diese bereit sind, sich auf den radikal-nachhaltigen Kurs einzulassen. Dabei werden abweichende Meinungen pluralistisch integriert – alle werden befähigt, sich weiterzuentwickeln. Auch die Unternehmen selbst sind um kontinuierliche Weiterentwicklung von Qualität und Nachhaltigkeit bemüht. Tugenden wie eiserner Wille, Fürsorglichkeit, Geduld, Genügsamkeit, Konsequenzbereitschaft und Demut bestimmen das Handeln einzelner CEOs. Laut den Befragten braucht es, um der höheren Komplexität begegnen zu können, die das Thema Nachhaltigkeit an ihre Unternehmen stellt, folgende Kompetenzen: Die Fähigkeit, Widersprüche auszuhalten und zu gestalten, höchste fachliche Professionalität, langfristiges Planen, Querdenken, das Erkennen und Antizipieren der Interessen der Stakeholder sowie die Fähigkeit, letztere zu begeistern und partizipativ in Entscheidungsprozesse einzubeziehen. Führung verstehen sie als das Schaffen eines sinngebenden Rahmens, in dem intrinsisch motivierte Mitarbeiter sich selbst entfalten können.

Die wesentlichen *Quellen dieser Grundhaltungen* sind in der individuellen biografischen Erfahrung bzw. Sozialisation, genauer in Familie, Studium und Beruf zu finden. Daneben sind reale wie inhaltliche Begegnungen mit Leitfiguren aus Wissenschaft und Praxis oder deren literarisches Werk prägend. Für die AOU spielt so z.B. die Anthroposophie Rudolf Steiners nicht als schriftliche Handlungsanleitung, sondern als spiritueller Erkenntnisweg eine besondere Rolle.

So lässt sich zusammenfassen:

Die geistigen Grundlagen sind das richtungsgebende Zentrum des normativen Managements der Befragten und ihrer Summe radikal auf die nachhaltige (Weiter-)Entwicklung von Individuum, Menschheit, Umwelt und der eigenen Unternehmung ausgerichtet. Wie ein „genetischer Code" prägen die geistigen Grundlagen die nachhaltige Wirkrichtung der gesamten Unternehmenspraxis – von der Strategie bis zum operativen Kleinschritt [55].

Dem könnte entgegengesetzt werden, dass mehrere der Befragten auch die Ausrichtung ihrer Unternehmung nach Kundenbedürfnissen zum Ausdruck bringen, was bedeuten könnte, dass die Unternehmenspraxis stärker von der Nachfrage als von den geistigen Grundlagen des Managements geleitet wird. Dieser Verdacht kann mit Aussagen der Befragten entkräftet werden. Sie betonen einerseits, dass sie nicht reaktiv der Nachfrage folgen, sondern entsprechend ihres Menschenbildes filtern, welche menschlichen Bedürfnisse[66] sie überhaupt fördern und mit Produkten bedienen wollen. Außerdem betonen einige, dass sie zukünftige Kundenbedürfnisse erst gestalten.

Zwischen den Oberkategorien der geistigen Grundlagen kann man eine scharfe begriffliche Trennung vermissen. Dies ist damit zu begründen, dass weder in der Literatur noch in den Interviews scharfe Abgrenzungen zwischen vielen – das normative oder geistige betreffenden – Begriffen bestehen: Würde man sich allein auf die klassische Managementliteratur beschränken, die alle nicht quantitativ bezifferbaren Einflussgrößen des Unternehmenserfolges unbeholfen zu „weichen Faktoren" zusammenfasst[67], wäre eine Untersuchung und Erschließung des enormen Potentials, das in nachhaltigkeitsorientierten Weltanschauungen für die Große Transformation liegt, unmöglich. Und sogar in der Philosophie sind Begriffe wie Weltanschauung, Weltbild und Paradigma nicht einheitlich definiert [101]. In der Empirie mangelte es z.B. an Differenzierung zwischen Begriffen wie *Glaube* und *Spiritualität* oder *Religion* und *Kirche*.

Im Folgenden werden die wesentlichen Ergebnisse vor dem Hintergrund der in Kapitel 2 eingeführten wissenschaftlichen Theorien kritisch reflektiert und in einen erweiterten Bedeutungszusammenhang gestellt.

---

66 Hier sei erneut auf den Unterschied zwischen Bedürfnis, Bedarf und Nachfrage verwiesen: Siehe Fußnote 52 bzw. bei Pfriem [95].

67 Während in der klassischen Managementlehre „harte Faktoren" (hard facts) ökonomisch objektivierbare Kennziffern wie Kosten oder Kapitalumsatz beschreiben, sind „weiche Faktoren" (soft facts) alle nicht numerisch messbaren Einflussgrößen des Unternehmenserfolges wie z.B. die Unternehmenskultur. Siehe [110].

5.2 Synthese: Die transformative Kraft der Vorbilder

Betrachtet man die zuvor dargestellten Aussagen der Interviewpartner, offenbart sich in ihnen ein großes Wirkungspotential für die Große Transformation, das die Befragten und deren Unternehmen auf Grund ihrer spezifischen geistigen Grundlagen verinnerlicht haben. Tabelle 6 stellt dar, welche der definierten Wirkungsdimensionen transformativen Unternehmertums (siehe Kapitel 2.4.2) sich bei den Interviewpartnern wiederfinden.

Diese Analyse zeigt: bereits aus den Interviews (in denen die konkrete Unternehmenspraxis ja nicht systematisch, sondern nur beispielhaft erfasst wurde) geht hervor, dass die Interviewpartner die Mehrheit der transformativen Wirkungsdimensionen mit verschiedenen Ansätzen anstreben. Weitere Recherchen würden voraussichtlich die bestehenden Lücken schließen.[68] Aber selbstverständlich bleiben bei einigen der Unternehmen einzelne der Wirkungsdimensionen unausgeprägt.

Diesen kann dennoch eine (partiell) transformative Wirkung zugesprochen werden, denn ein Unternehmen kann auch dann, wenn es in einigen nachhaltigkeitsrelevanten Bereichen noch Entwicklungsbedarf hat, in anderen Wirkungsdimensionen schon vorbildlich transformativ wirken. Allgemein gilt für fast[69] alle Unternehmen: Eine Weiterentwicklung zu mehr Nachhaltigkeit und Transformativität ist möglich. Dies offenbart sich dann, wenn man wie Bahro [45] eine fundamental-kritische Perspektive einnimmt und fragt, ob das Unternehmenshandeln letztlich und wirklich dem fundamentalen Umbau der Weltordnung dient oder

68 Diese Aussage wird auf Basis der teilweise mehrjährigen Beobachtung der Unternehmen als Kunde, als Kooperationspartner in zivilgesellschaftlichen und universitären Bildungsprojekten, sowie nach der Lektüre der Nachhaltigkeitsberichte getroffen.

69 Für Unternehmen, deren Kerngeschäft lebensfeindlich ist wie z.B. die Waffen-, Tabak- oder Atomkraftindustrie besteht die Aufgabe und Herausforderung im radikalen Wechsel des Kerngeschäfts („Schwerter zu Pflugscharen", Micha 4,1–4), bzw. der Stilllegung der Unternehmung.

Wirkungs-dimensionen	**Ausprägung bei Interviewpartnern**	**Verweis**
Gemeinwohlorientierte Unternehmen der Gesellschaft	Gemeinwohl als Unternehmensziel, Befähigung der Stakeholder, Mitgestaltung des politischen Umfelds	Kapitel 4.1; Kapitel 4.5.1, Abs. 2; Kapitel 4.7.5.
Überwindung des Marktfundamentalismus	kritische Haltung zur Weltordnung, Gewinne nur als Nebeneffekt bzw. unter Nebenbedingungen	Kapitel 4.3.3; Abs. 1 & 2
Exnovation nicht-nachhaltiger Praktiken	Verdrängung nicht-nachhaltiger Akteure in gesättigten Branchen; Hinwirken auf Ablösung v. Regulatorik	Kapitel 4.3.3, Abs. 3; Kapitel 4.7.4.
Disruption	z. B. in Form der Rechtsformen: Stiftung (WALA); Genossenschaft (GLS)	Anhang 7.2; Tabelle 2, S.47
Entwicklungsfähigkeit / Selbsttransformation	Bereitschaft zur Selbsttransformation; 4/5 wurden schon mit Nachhaltigkeitsausrichtung gegründet. VAUDE beweist seit 2008 Selbstveränderung	Interviews mit: • Alnatura • WALA • VAUDE
Nonkonformes und oppositionelles Verhalten	Kritische Haltung zur bestehenden Weltordnung; tägliches Ringen mit der staatlichen Regulatorik	Kapitel 4.3.3, Abs. 4 & 5
Kommunikation innen und außen / Vorbildwirkung	Kompetenz, andere für Nachhaltigkeit zu begeistern; Informationsweitergabe durch Forschung, Schulungen, Politikberatung; NH-Berichterstattung	Kapitel 4.5.4, Abs. 5; Kapitel 4.7.4
Selbstermächtigung und Selbermachen	Führung als Schaffen von Entwicklungsräumen für Mitarbeiter.	Kapitel 4.5.5
Gegenseitige Befähigung	Befähigung der Stakeholder	Kapitel 4.7.1

Wirkungs-dimensionen	Ausprägung bei Interviewpartnern	Verweis
Beteiligung am Unternehmenserfolg	Genossenschaftsmodell der GLS Bank; Stiftungsmodell der WALA	Anhang: 7.2, Interview mit WALA
Prosumententum und Kunden-subsistenz	Vaude fördert Reparaturkultur	Kapitel 4.7.1
Kein Wachstums-zwang	Wachstum zwar wegen hoher Nachfrage gegeben, geben aber an, nicht darauf angewiesen zu sein	4.3.3, Abs. 3
Aufbau Regionaler Wirtschaftskreisläufe	Förderung biologisch-dynamischer Landwirtschaft.	Interviews mit: Alnatura, WALA

Tabelle 6: Ausprägung der Wirkungsdimensionen transformativen Unternehmertums (entsprechend Kapitel 2.4.2) in den geistigen Grundlagen der befragten Unternehmensleiter.

ob bzw. in welchen Bereichen es (vielleicht unbewusst) weiterhin reproduktiver Teil marktfundamentalistischer Prinzipien ist (siehe Kapitel 2.3.1).

Der Publizist Johannes Heimrath reflektiert sein eigenes Buch *Die Post-Kollaps-Gesellschaft*, das inhaltlich der Transformation dienen soll, selbstkritisch als reproduktiven Teil der marktfundamentalistischen Logik. Geschrieben wurde es auf einem Computer, der getrieben von Profitmaximierungsinteressen, unter ökosystemzerstörerischen und vermutlich menschenrechtsverletzenden Bedingungen hergestellt wurde. Außerdem sei das Buch auf Papier gedruckt, das mit Hilfe giftiger Chemikalien hergestellt wurde, und es wird über Handelswege vertrieben, die nicht-nachhaltig sind [73, 111]. Diese Betrachtung impliziert, dass Akteure, die sich fundamental um transformative Wirkung bemühen, auf sämtliche Konsumakte verzichten müssten, die auf nicht-regionale, nicht-nachhaltige, profitorientierte Wertschöpfungsketten zurückgreifen [45]. Dies schließt die Nutzung der meisten Software, Geräte, Werkzeuge, Gebäude und Infrastruktur (z. B. Telekommunikation) mit ein. Dies würde in der aktuellen, weitgehend auf überregionale Arbeitsteilung und Fremdversorgung bauenden kapitalistischen Weltordnung den sofortigen Kollaps der meisten Versorgungssysteme bedeuten. Selbst so nachhaltige Unternehmen wie die fünf Befragten wären unter diesen Bedingungen sofort handlungsunfähig bzw. zur radikalen Selbsttransformation und Verkleinerung gezwungen [78], bis hin zur Reorganisation in lokalen Subsistenzgemeinschaften [45].

Bahros Perspektive regt zur Selbstreflexion an. Er fragt: Bleibt man an Bord des industrie-kapitalistischen Kreuzfahrtschiffes, auf dem eine wilde Party des monokulturellen Konsumismus und Kommerzes tobt, in deren Trubel die Mehrheit der Besatzung nicht merkt, dass der ganze Kahn unweigerlich auf den Wasserfall zutreibt?[70] Oder hört man auf die Warnrufe vom Ausguck[71] und begibt sich zu den Rettungsbooten?[72] Bei gesundem Menschenverstand[73] ist nur Letzteres eine Option: Man muss das Schiff des Marktfundamentalismus verlassen. Doch der Ausstieg von Minderheiten und der Rückzug ans Ufer der Subsistenz und Suffizienz allein vermag den Kurswechsel des Schiffes, also die Große Transformation, nicht herbeizuführen [22, 39]. Denn diese beschreibt ja nicht einen Zielzustand, sondern den Entwicklungsprozess, mit dem der fatale Kollaps des Systems (gerade noch) vermieden werden soll. Entsprechend der Publikation von John Grin et al. [39] muss eine Bandbreite zahlreicher Akteure mit diversen Ansätzen darauf hinwirken, um das Regime bzw. den Mainstream umzuge-

70 Rudolf Bahro nutzt in seinem Buch ein ähnliches Bild, das in Anhang 7.4 wiedergegeben ist.

71 Von dort aus warnten schon Meadows et al. [53] und Rockström et al. [19].

72 Diese werden z. B. von Niko Paech [23], Wolfgang Sachs [112, 113]; Johannes Heimrath [73]; Irene Antoni-Komar und Reinhard Pfriem (zahlreiche Publikationen) zu Wasser gelassen.

73 „Die ökologische Krise ist vor allem eine Krankheit des menschlichen Geistes, besser gesagt unserer gesamten Psychodynamik." Rudolf Bahro [45].

stalten. Es geht nicht ohne die Mitwirkung der Massen. Während der Kahn weiter auf den Abgrund zutreibt, sind die wichtigsten Akteure somit jene, die gezielt auf die Besatzung und die Passagiere zugehen und sie entweder (wie Bahro) auf die drohende Gefahr hinweisen, oder (wie die Befragten) durch schmackhafte, hochwertige bzw. heilsame, sinnvolle, leuchtende Beispiele von der Sinnhaftigkeit eines Kurswechsels überzeugen.

So können die Befragten als *Brückenbauer zwischen Aussteigern und Mainstream* verstanden werden – als Vermittler, die trotz ihres Wissens über die Sinnhaftigkeit des Ausstiegs das sinkende Mega-Schiff der kapitalistischen Weltordnung noch nicht ganz verlassen, sondern erst noch versuchen, die Menschen mitzunehmen. Dafür müssen sie ihre Wirkung innerhalb der nicht-nachhaltigen Strukturen des Mainstreams bzw. im Marktfundamentalismus entfalten und sie müssen einem ständigen Sog widerstehen, der z.B. von Prozessen wie Kommerzialisierung, Beschleunigung und Medialisierung ausgeht [13] bzw. in der Versuchung besteht, statt des komplexeren Weges der Nachhaltigkeit und Gemeinwohlorientierung doch privatnutzenorientiert zu handeln. Zudem müssen solche Akteure hohe Barrieren überwinden, die in Form rekursiver Selbsterhaltungsmechanismen der Megamaschine, wie u.a. in den Pfadabhängigkeiten [22] und der nachhaltigkeits-hemmenden Regulatorik bestehen (vgl. Kapitel 4.3.3). Die Kraft für den Umgang mit diesen Widrigkeiten kann nur aus „geistigen und spirituellen Grundlagen" kommen [45]. Wenn diese nicht entschlossen und radikal genug sind oder nachlassen, kommt es zwangsweise zum Einbruch der Qualität und Nachhaltigkeitsperformance. In der Biobranche ist dieses Phänomen bekannt als „Konventionalisierungsfalle" [114, 115]. In der Social-Entrepreneurship-Forschung bezeichnet man die schleichende Ablösung der Gemeinwohlorientierung durch Kommerzialisierungsprozesse als „Mission Drift" [116–118]. Beide weisen auf dieselbe Problematik hin. Die Vermittlerrolle bringt innere wie praktische Konflikte und Widersprüche mit sich. Ein solcher besteht schon zwischen der Einsicht in die

Sinnhaftigkeit des Ausstiegs (siehe oben) einerseits und andererseits dem Willen, innerhalb der nachhaltigkeitswidrigen Weltordnung in die Breite zu wirken. Die Befragten beschreiben, dass sie auf lukrative Praktiken verzichten, wenn diese ihrem Ideal widersprechen. Doch tun sie das selbst dann, wenn das Wachstum der eigenen (nachhaltigen) Unternehmung für die Weiterentwicklung und Verbreitung der Nachhaltigkeit sinnvoll ist? Diese und weitere in der täglichen Praxis auftauchende Fragen müssen von Vorbildern des Wandels im Alltag ausgehalten, gelöst und gestaltet werden.

Vor diesem Hintergrund fordern folgende Ergebnisse eine weitere Betrachtung: Zunächst der beschriebene „eiserne Wille" bzw. die radikale Entschlossenheit der Befragten, in Sachen Qualität und Nachhaltigkeit nicht nachzulassen. Zugleich ist die plurale Offenheit bzw. Toleranz gegenüber der Vielfalt, die auch in der Bereitschaft, Widersprüche zu gestalten zum Ausdruck kommt, zu untersuchen sowie die grundsätzlich befürwortende Haltung zu Entwicklung. Diese kommt z. B. als Wille zum Ausdruck, sowohl die internen wie auch die externen Stakeholder – bzw. die Menschheit allgemein – in ihrer Weiterentwicklung zu fördern. Mögliche Bedeutungen dieser Grundhaltungen werden ab Kapitel 5.4 reflektiert.

Im folgenden Kapitel soll zunächst auf die besondere Bedeutung der Anthroposophie eingegangen werden, die laut den Leitern der anthroposophisch orientierten Unternehmen Inspirationsquelle ihrer nachhaltigen Ausrichtung ist. Hierbei soll der Frage nachgegangen werden, ob die anthroposophische Orientierung für das Gelingen transformativen Unternehmertums besonders vorteilhaft wirken kann.

5.3 Anthroposophie als ein möglicher Weg zur transformativen Praxis

Zunächst muss festgestellt werden, dass zwischen den ermittelten geistigen Grundlagen der Leiter der anthroposophisch orientierten Unternehmen (AOU) und der Nicht-AOU deutlich größere Ähnlichkeiten bestehen, als zunächst angenommen. Zwischen den Aussagen beider Gruppen bestehen keine grundsätzlichen Widersprüche oder Konflikte[74] und bei der großen Mehrheit der identifizierten Subcodes ergänzen sich die Aussagen aus beiden Lagern harmonisch. Lediglich in vier Punkten brachten die Anthroposophen – additiv, d. h. über die (für sich schon wegweisenden) Denkansätze der Nicht-AOU hinausgehend – noch umfassendere bzw. weiterführende Gedanken zur Sprache.

1.) Die wohl auffälligste Besonderheit der AOU ist die Überzeugung von der Existenz metaphysischer Welten und der weltgestaltenden Kraft des Geistes (bis hin zum geistigen Ursprung der Materie), die ihr „ganzheitliches" Menschenbild bestimmen.

Die Annahme, dass Geist die Welt erschafft bzw. eine kausale Analogie zwischen Geist und Materie besteht, ist keineswegs alleine eine Theorie Rudolf Steiners. Stattdessen wird auf diesen Zusammenhang auch in der biblischen Schöpfungsgeschichte („Am Anfang war das Wort", 1. Joh. 1.1, Luther 1912), in der Esoterik (als „Gesetz der Anziehung" bzw. „Resonanzgesetz"), in der humanpsychologischen Organisationstheorie (z. B. Theorie X/Y von Douglas McGregor) und in der Soziologie („Selbsterfüllende Prophezeiung", erstmals von Robert Merton [119]) hingewiesen. Natürlich meint dies nicht, man könne durch bloße Vorstellung die Welt gemäß dem eigenen Wunschdenken jederzeit beliebig umgestalten. Dies sind naive Simplifizierungen und gehören zur berech-

74 Dies ist insofern nicht verwunderlich, als dass alle Befragten eine deutlich pluralistische Grundhaltung haben, die Offenheit gegenüber anderen Weltanschauungen impliziert.

tigten Kritik, dass mit Hilfe esoterischer Konzepte so mancher Scharlatan mit wohlklingenden Worten hilfsbedürftigen Menschen in erster Linie finanzielle Erleichterung verschafft [120]. Doch selbst führende Naturwissenschaftler plädieren für ein metaphysisches Weltbild, so z.B. der Physik-Nobelpreisträger Max-Planck („Geist ist Urgrund der Materie") und Hans-Peter Dürr („Materie ist geronnener Geist"), die die Annahme der Geist-Materie-Analogie für sich bejahen [121]. Im Gegensatz zum materialistischen Weltbild klassischer Naturwissenschaften ergibt sich aus der Quantenphysik

> „ein holistisches Weltbild, in dem Wirklichkeit als Potenzialität aufgefasst wird. Dieses Weltbild ist offen für ein immaterielles Fundament, denn erst aus den Beziehungen von Potentialen ergibt sich Materie. […] Die Quantenphysik erkennt immaterielle Urquellen an, ganzheitliche Strukturen und eine offene Zukunft. Es zählt nicht mehr das, was stofflich existiert – sondern es zählt das, was geschieht – welche verbindenden Prozesse stattfinden. Die Welt ist nicht aus Teilchen oder Quarks, sondern aus ‚Passierchen' und ‚Wirks' aufgebaut." Hans-Peter Dürr [69].

Und letztendlich kann auch die Überzeugung von der performativen Wirkung der Wirtschaftswissenschaften (wie sie Uwe Schneidewind und Reinhard Pfriem publizieren [3, 122]) als ein Gestalten der Welt durch geistige Kräfte interpretiert werden: Die Wirtschaftswissenschaften erschaffen und bestimmen durch ihre theoretischen Annahmen und Theorien reale Prozesse und Vorgehensweisen in der Wirtschaft.

2.) Eine weitere Besonderheit der AOU ist die starke Betonung ihrer anthropozentrischen Ausrichtung. Die Aussagen der Interviewpartner wie auch ihre Praktiken[75] belegen, dass es sich bei der

75 Hier sei nur am Rande auf die anthroposophisch fundierte biologisch-dynamische Landwirtschaft (Demeter) hingewiesen, die sowohl von Lebensbaum, Alnatura, WALA und der GLS-Bank besonders gefördert wird. Seit 1924 bringen Demeter-Betriebe (inzwischen weltweit) die große Wertschätzung der Natur zum Ausdruck.

anthroposophischen Anthropozentrik nicht um jene von Reinhard Pfriem [95] kritisierte „Überhöhung des Menschen“ handelt,[76] „die den Menschen als ‚Herrscher und Besitzer der Natur‘ (René Descartes)“ begreift [123]. Stattdessen verbirgt sich hinter dem Leitsatz „Im Mittelpunkt der Mensch“ eine „weltzentrische Ethik“ [6], die gewillt ist, die Freiheitsentwicklung des Menschen – und damit einhergehend auch eine förderliche Entwicklung seiner gesamten Lebensumwelt – in Entwicklungspartnerschaft mit der Erde zu fördern. Von der neuzeitlichen Interpretation des göttlichen Auftrages an den Menschen, wie sie in der Bibel mit ‚Macht Euch die Erde untertan‘ (Genesis 1, 28) beschrieben wird, haben sich die AOU schon lange vor Papst Franziskus[77] verabschiedet [123].

Das grundsätzlich soziale Wirtschaftsverständnis der AOU findet seinen Ursprung in der *„Dreigliederung des sozialen Organismus“*, einem von Rudolf Steiner im Zuge mehrerer Vorträge entwickelten Leitbild für die Gestaltung gesellschaftlicher Weiterentwicklung – dessen Erstpublikation im Jahr 2019 sein 100. Jubiläum feiert. Demnach müsse das Rechtsleben nach dem Prinzip der Gleichheit (vor dem Gesetz), das gesellschaftliche Geistes- und Kulturleben in Richtung individueller Entfaltungsfreiheit und das arbeitsteilige Wirtschaftsleben zu einem geschwisterlichen Füreinander gestaltet werden. Bei Letzterem geht es nicht um die Überwindung der (globalen) Arbeitsteilung [29, 124]. „Rudolf Steiner hat in zahlreichen Beiträgen eine erweiterte und neue Wissenschaft von der Wirtschaft

---

Die hier praktizierten Tier- und Naturschutzstandards übertreffen die Qualitätsstandards aller anderen Zertifizierungssysteme. Anstelle auf ertragsmaximierende Nutzungsintensivierung zu setzen, zielt die Demeter-Landwirtschaft auf die langfristige gedeihliche Entwicklung von Mensch, Ökosystem und Tier als geschlossenes System.

76 Pfriem kritisiert eine Anthropozentrik, die dazu führt, dass die „nicht-menschliche Natur, angefangen bei den höchstentwickelten Tieren, bloß als Objekte und Mittel“ begriffen wird [95].

77 Der Papst Franziskus verabschiedete sich in seiner Umwelt-Enzyklika „Laudato si!“ im Jahr 2015 von einer strengen Auslegung dieses Bibelzitats [123]. Die AOU lehnen das seit ihrer Gründung ab.

entwickelt", die später von dem Anthroposoph und Unternehmer Herbert Witzenmann (1905–1988) als *Sozialorganik* bezeichnet wurde [125]. Inspiriert durch seine Begegnung mit Witzenmann[78] entwickelt Götz Rehn diesen Ansatz inzwischen als Lehrstuhlinhaber am „Institut für Sozialorganik" an der Alanus-Hochschule in Alfter weiter. Die Sozialorganik versteht die Wirtschaft bzw. jede Unternehmung „als einen lebendigen Organismus" und den „Mensch als ihren Gestalter" [124, 125].

3.) Aus dem anthropozentrischen Grundverständnis der Leiter der AOU leitet sich auch ihre Kritik am Fehlen des sozialwissenschaftlichen Bezugs in den Wirtschaftswissenschaften ab. Daneben betonten nur die AOU-Leiter die Bedeutung einer kulturellen Dimension der Nachhaltigkeit und die kulturelle Situiertheit ihrer Unternehmung. Damit stehen die AOU einer wichtigen Forderung der transformativen Wirtschaftswissenschaft von Schneidewind / Pfriem et al. [122] nahe. Hier fundieren die Vordenker die Annahme der Performativität der Wirtschaftswissenschaft und die verstärkte Berücksichtigung sozialer und kultureller Aspekte in den Wirtschaftswissenschaften als Voraussetzungen für das Gelingen der Großen Transformation. Die Unternehmung muss von der BWL als gesellschaftliche und somit soziale Veranstaltung begriffen werden [3].

4.) Hinzu kommt, wie die Leiter der AOU selbst angeben, dass die nachhaltige Ausrichtung ihrer Unternehmenspraxis auf Erkenntnissen basiert, zu denen sie bzw. die Unternehmensgründer mit Hilfe der Anthroposophie gekommen sind. Dies bestätigt auch der anthroposophische Publizist Jens Heisterkamp auf Basis seiner Untersuchung der zwölf größten deutschen AOU: Er betrachtet neben WALA, GLS Bank und Alnatura auch die Firmen dm-Drogeriemarkt, Weleda, Speick, Voelkel und weitere). Er betont, dass die meisten der AOU schon vor dem Aufkommen des heutigen

---

78 Götz Rehn beschreibt diese im Interview als wichtigen biografischen Wendepunkt.

CSR-Trends, als es noch keinen ökologisch-ethischen Breitenmarkt gab, „im wahrsten Wortsinne nachhaltig“ wirtschafteten (zum Beispiel blickt die WALA auf eine 60-jährige Geschichte in der Gewinnung von Naturkosmetik nach Demeter-Standard zurück). Zudem hätten die AOU schon frühzeitig „mit einer Krise des Ego-Kapitalismus gerechnet“ und im Hinblick darauf „bis in ihre Rechtsformen hinein entsprechende Konsequenzen gezogen, die sie gegen die Versuchungen der Finanzmärkte immunisieren.“ [6]. Somit kann die transformative Wirkung der AOU als Folge der anthroposophischen Orientierung der Gründer und CEOs interpretiert werden.

Zusammengefasst beziehen die AOU Erkenntnisse aus der Anthroposophie, die sie dazu bewegen, als kulturkreative Gestalter in einem sozialen Wirtschafsorganismus tätig sein zu wollen und diesen gemäß ihrem Weltbild so zu gestalten, dass er der Weiterentwicklung des Menschen (im Sinne der sozialen Dreigliederung) dient. Vergleicht man diese Charakterisierung mit der Theorie transformativen Unternehmertums (Kapitel 2.4) stellt man fest, dass die AOU besonderes Potential haben, wesentliche Kriterien transformativen Handelns zu erfüllen. Die anthroposophische Weltanschauung kann demnach für die Ausgestaltung transformativer Wirtschaftsformen durchaus förderlich sein. Die Firmen VAUDE und Lebensbaum beweisen daneben, dass transformatives Unternehmertum auch ohne Anthroposophie funktionieren kann. Ob die Anthroposophie einen Vorsprung oder Wettbewerbsvorteil mit sich bringt, soll hier offenbleiben.

In die weiterführende Reflektion soll als Extrakt dieses Kapitels die anthropozentrische Entwicklungsorientierung, die Integration seelischer und geistiger Dimensionen und das sozialorganische Unternehmensverständnis mitgenommen werden.

5.4 Bewusstseinswandel als Voraussetzung der Großen Transformation

Angeknüpft werden soll an zwei Stellen: Einerseits bei der in Kapitel 5.3 reflektierten Geist-Welt-Analogie. Andererseits bei dem Paradigmenwechsel, der in Kapitel 2.3.3 und 2.3.4 als notwendige Grundlage der Großen Transformation eingeführt wurde und ein „fundamentales Umdenken" erfordert [63]. Beides stützt dieselbe Grundaussage: *Die Menschheitskrisen haben ihren Ursprung im menschlichen Geist.* Wenn dieser sich nicht weiterentwickelt und ebenfalls einer Transformation unterliegt, werden die Krisen nicht gelöst. Somit wird die Große Transformation zu einer Frage der geistigen Weiterentwicklung.

Bis hierher konnte der Begriff *Geist* noch allein als die kognitiv-intellektuelle Fähigkeit des logischen *Denkens* verstanden werden. Aber schon Silja Graupes Aussage, das Um*denken* erfordere „grundsätzlich andere Formen des *Erkennens*" [63] deutet auf den zweiten integralen Begriffsinhalt von *Geist* hin.

> „Wenn wir jetzt sehen, dass unser Dasein als denkende Wesen vor allem Störung der Weltharmonie, der Naturgleichgewichte hervorruft, so kann das keine andere Ursache haben, als die Verwirrung unseres eigenen Geistes." Rudolf Bahro [45]

> „Geist im philosophischen Sinn bedeutet Denken, Vernunft und Bewusstsein als die über das Sinnliche und Materielle hinausreichende Seite des menschlichen Seins." Brockhaus-Enzyklopädie [126]

Demnach legt sich im Geist auch erkennendes *Bewusstsein* dar:

> „Bewusstheit, das heißt ständiges waches Hinsehen, was wir eigentlich alltäglich leben und machen." Rudolf Bahro [45]

Weiter führt Bahro aus, dass die Aufgabe, die marktfundamentalistische Megamaschine zu stoppen, nach einer „Bewusstseins- und Selbstveränderung größten Stils" verlangt, „und zwar nicht nur auf der individuellen, sondern auch auf der sozialen, institutionellen Ebene". Für alle neuen Formen der Politik und Ökonomie müssen zunächst die psychischen und bewusstseinsmäßigen Voraussetzungen heranreifen, „sonst kommen die schönsten Ökodörfer zu früh und scheitern schon allein an den alten Ego-Strukturen der Pioniere". Die gesellschaftliche Weiterentwicklung erfordere das Gestalten einer neuen Kultur,[79] dies setzt eine neue Bewusstseinsverfassung, einen „Aufstieg im Bewusstsein" voraus [45]. Ohne das (Selbst-)Bewusstsein für die Notwendigkeit der (Selbst-)Verwandlung wird die Große Transformation nicht gelingen. So zeigt Bahro, dass es ihm um mehr geht als die Spezies zu retten. Es geht ihm um die Erschließung eines höheren menschlichen Potentials.

> „Worauf es eigentlich ankommt, geht über Rettung hinaus. Vordergründig soll nur gesichert werden, dass das Leben weitergeht. Wenn aber Rettung in Wirklichkeit von dem Sprung in ein anderes Bewusstsein, in eine andere geistige, seelische und sinnliche Gesamtbefindlichkeit abhängt, wird dieser Aufstieg zum autonomen Motiv." Rudolf Bahro [45]

Der so erweiterte Kontext bringt für die Theorie transformativen Handelns eine neue, im Inneren des Menschen wurzelnde Konnotation. Transformative Akteure (ob Unternehmer, Manager oder Aktivisten) handeln demnach auf Grundlage einer bestimmten, weiterentwickelten Bewusstseinsverfassung. Erst dieses Bewusstsein verleiht die Kraft, beständig und radikal nachhaltig zu handeln im Selbstbewusstsein[80] eines transformativ wirkenden Akteurs. Dass dies auf Basis der Ergebnisse dieser Untersuchung

---

79 Bei der Annahme, dass der Wandel eine Frage der Umgestaltung von Kultur ist, zeigt sich Bahro überaus kompatibel mit dem Ansatz der kulturellen Kompetenzen zukunftsfähiger Ökonomiegestalter von Irene Antoni-Komar und Reinhard Pfriem: Das Erschaffen einer neuen Kultur der Nachhaltigkeit geht nur durch ausgleichendes Umgestalten einseitig pervertierter kultureller Prozesse [13].

80 Vgl. das Selbstverständnis der Befragten als Vorbild und Pionier des Wandels (Kapitel 4.4).

eine treffende Charakterisierung der Befragten ist, soll im Folgenden weiter verdeutlicht werden.

5.5 Stufen der Bewusstseinsentwicklung

Sowohl Ethnosoziologen, Entwicklungs- und Humanpsychologen[81], Philosophen und Anthropologen haben verschiedenste Aspekte der Entwicklung des menschlichen Bewusstseins untersucht und festgestellt, dass immer wieder sprunghafte Weiterentwicklungen der kognitiven, moralischen und psychologischen Fähigkeiten des Menschen im Zuge seiner Entwicklung stattgefunden haben [27, 86, 127].

> „Im 20. Jahrhundert haben sich zahlreiche Autoren mit der Entwicklung unterschiedlicher psychischer Bereiche beschäftigt. Von der Moral- zur Affektentwicklung, von der Sensomotorik zur Kognition, von der spirituellen Entwicklung bis hin zu Motivation geht es letztlich immer um die Einsicht, dass es keine Zufälligkeiten und keine Willkür, sondern immer Ebenen und Stufen sind, die eine gewisse Regelmäßigkeit in der psychischen Fortentwicklung des Menschen garantieren. Dies schließt Rückschritte nicht aus, zeigt aber den grundlegenden Plan der Entwicklung an." Stefan Brunnhuber [27]

Jean Gebser [128] entwickelte auf Basis soziokultureller Analysen ein Strukturmodell der Bewusstseinsgeschichte der Menschheit. Ken Wilber greift dieses Modell auf und verdichtet es mit zahlreichen Modellen der Psychologie und Philosophie zu seiner *Theorie der Bewusstseinsebenen*,[82] die zentraler Bestandteil seiner holistisch-

---

81 An dieser Stelle verweist Brunnhuber auf die im Anhang 7.3 dargestellte Publikationsliste.

82 Die Theorie der Ebenen der Bewusstseinsentwicklung basiert auf Forschungsergebnisse von Abraham Maslow (Entwicklung der menschlichen Bedürfnisse), Jean Gebser (soziokulturelles Strukturmodell der Bewusstseinsgeschichte), Jean Piaget (Entwicklung der kognitiven Fähigkeiten), Clare Graves (Entwicklung der Werthaltungen), Lawrence Kohlberg & Carol Gilligan (moralische Entwicklung) Jane Loe-

interdisziplinären Universaltheorie, der *Integralen Philosophie* ist [129, 130]. Auf diese beziehen sich eine zunehmende Anzahl von Autoren aus Wissenschaft und Praxis.[83] Dabei grenzen sie die aufeinanderfolgenden menschheitlichen Bewusstseinsverfassungen in Stufenmodellen voneinander ab, um die Prozesse der Bewusstseins-Metamorphose zu beschreiben. Die Abfolge ähnlicher Bewusstseinsentwicklungsstadien lässt sich sowohl in der *Phylogenese* (also der Entwicklungsgeschichte der Spezies) als auch in der *Ontogenese* (also in der (biografischen) Entwicklung des Individuums) beobachten [27]. Jedes Bewusstseinsentwicklungsstadium ist durch eine bestimmte Weltanschauung (engl. „worldview") bzw. ein Bewusstseinsparadigma geprägt, die anhand typischer Charakteristika differenziert werden können.

Die Weiterentwicklung des Bewusstseins ist ein emergenter Prozess. Die geistigen, sozialen und organisatorischen Fähigkeiten der früheren Entwicklungsebenen werden bei der Weiterentwicklung nicht verworfen, sondern transzendiert, d.h. sie bleiben neben den neu erreichten Bewusstseinsfähigkeiten komplementär vorhanden und können weiterhin (im passenden Moment) eingesetzt werden – bzw. sich ihren Weg ins Verhalten bahnen. Sie stellen jedoch nicht mehr dauerhaft den Gesamthorizont des Individuums aus [27]. Einmal erreichte Erkenntnisse und Bewusstseinentwicklungen können wieder erreicht werden – werden wieder erreicht werden. Sowohl die „höheren" Entwicklungsstufen, wie auch die „früheren" finden sich dann im Verhalten der Menschen wieder. Es wäre falsch davon auszugehen, dass ein Mensch der in der Bewusstseinsentwicklung weit fortgeschritten ist, in sich nicht mehr die Bedürfnisse und Verhaltensweisen jener früheren Entwicklungsstufen trage.

---

vinger (Ich-Entwicklung) James Fowler (Spiritualität) Susanne Cook-Greuter, Robert Kegan und Bill Torbert (Führungsstile). Nachzulesen bei Frederic Laloux [86].

83 Insbesondere solche, die das markfundamentalistische bzw. materiell-naturwissenschaftliche Weltbild hinter sich gelassen haben und auch seelisch-geistige Dimensionen in ihr Weltbild integrieren.

An dieser Stelle ist es notwendig einzuhaken – da die begriffliche Einstufung in „höhere" (bzw. spätere) und „frühere" (oder gar „niedere") Entwicklungsstadien das Risiko eines gefährlichen Missverständnisses birgt:

Frederic Laloux betont die notwendige Achtsamkeit im Umgang mit den Modellen der Theorie der Bewusstseinsebenen. Einerseits dürfe nicht vergessen werden, dass es sich um eine Abstraktion der Realität handele, die den Menschen in seiner Komplexität nie vollständig abbilden könne. Andererseits dürfe man nicht in Versuchung geraten, diese Modelle zur Hierarchisierung zu benutzen, denn die Bewusstseinsentwicklung habe sowohl kognitive, moralische, soziale, spirituelle (usw.) Dimensionen, die meist unterschiedlich weit entwickelt sind. Demnach könne man einen Menschen/eine Gesellschaft nie auf eine einzige Stufe reduzieren, sondern lediglich bemerken, dass in bestimmten Situationen charakteristisch für ein bestimmtes Bewusstseinsparadigma gehandelt wird. Auch sei es falsch zu glauben, „dass spätere Entwicklungsstufen ‚besser' sind als frühere. Angemessener wäre es zu sagen, dass spätere Stufen ‚komplexer' in ihrem Umgang mit der Welt sind." So können Menschen, die aus einer späteren Bewusstseinsentwicklungsstufe handeln, die gegensätzlichen Perspektiven anderer Menschen in einer Weise integrieren, wie es Menschen, die aus einem frühen Paradigma handeln, nicht möglich sei [86].

Doch welche Bedeutung haben diese Modelle nun für Unternehmen und die gesellschaftliche Transformation?

Wie zuvor dargestellt wurde, hat die Vorbildfunktion der Führungskräfte einen wesentlichen Einfluss auf die Transformatitvität und gelebte Nachhaltigkeit eines Unternehmens. Im Folgenden werden vier wissenschaftliche Arbeiten vorgestellt, in denen Stufenmodelle der Bewusstseinsentwicklung entwickelt bzw. angewendet wurden. Die Mehrheit dieser Modelle bringt die persönliche (Bewusstseins-)Entwicklung von Menschen (z.B. von Führungskräften) in kausale Verbindung mit der Entwicklung bzw. dem Erfolg von Organisationen oder gesellschaftlichen Wandlungsprozessen.

5.5.1 Entwicklungsstufen des Bewusstseins nach Stefan Brunnhuber

Auf Basis einer Überschau der bereits erwähnten Literatur differenziert der Nachhaltigkeitsforscher und Psychiater Stefan Brunnhuber ein präkonventionelles, ein konventionelles und ein postkonventionelles Bewusstseinsstadium [27]. In der integralen Philosophie (die bis zu sieben menschheitsgeschichtliche Bewusstseinsentwicklungsstufen differenziert) heißen diese drei Hauptstufen traditionelle, moderne bzw. postmoderne Weltanschauung (Tabelle 7).

5.5.2 „Level-5 Leadership" nach Jim Collins

Im Rahmen eines fünfjährigen Forschungsprojektes mit 22 Mitarbeitern wurden aus 1435 Firmen elf Firmen ausgewählt, deren ökonomische Performance (gemessen in der Höhe kumulierter Aktienausschüttungen) sich in den letzten 20 Jahren zunächst von „gut" (leicht über Marktdurchschnitt) zu „dauerhaft exzellent" (über 15 Jahre stabil bei Werten die mindestens dreifach über dem Marktdurchschnitt lagen) weiterentwickelt hatte. Im Zuge umfassender quantitativer und qualitativer Analysen wurde *einer der zentralen Einflussfaktoren des Unternehmenserfolgs in der geistigen Grundhaltung der Unternehmensleiter gefunden.* Alle elf Unternehmen hatten Führungskräfte, deren Handeln zentral durch zwei scheinbar paradoxe Grundhaltungen bestimmt wurde [131].[84]

- Einerseits ein radikaler bzw. eiserner Wille für die Umsetzung der unternehmerischen Vision.
- Andererseits eine demütige Bescheidenheit im Umgang mit dem eigenen Erfolg.

---

84 Im Gegensatz zu den anderen hier vorgestellten Autoren konnten bei Collins keine direkten Verweise auf Ken Wilber et al. gefunden werden. Da er sich dennoch eines Stufenmodells zur Unterscheidung von Charaktereigenschaften von Führungskräften bedient und gleichsam auf geistige Grundlagen verweist sowie seine Schlüsse in Harmonie mit Wilbers Theorie stehen, passt sein Artikel in diese Auswahl.

Ebenen	Affektiv-kognitive Rationalitäts-standards	Bewusstseins-Schwerpunkt	Beziehung zum Kollektiv / Sozialstandards
Präkonventionell (Traditionell):	Senso-motorisch, emotional, instinktiv, noch nicht sozial vermittelt, psychobiologisch determiniert, Primärmotive, Primäraffekte, primär-narzisstisch	Autistisch, präpersonal, archaisch, kollektiv-exklusiv, Rollenidentität, zyklisches Zeitverständnis	Zugehörigkeit, Sicherheit, Verbundenheit mit der Natur, mythologisch-magisch, deterministisch, konkretistisch, ritualisierte Praxis
Konventionell (Moderne):	Konkret-operational, formal-operational, sprachlich-diskursiv, rational-kritisch, kompetitiv, Kurzzeit-Betrachtung	Sozio- und ethnozentrisch, egologisch, individualistisch, kausal-analytisch, linear-irreversibles Zeitverständnis, perspektivisch-historisch, Ich-Identität	Selbstverwirklichung, Differenzierung der Wertsphären, Naturwissenschaft, Nationalstaat, technologisch-wirtschaftliche Entwicklung, experimentell-interventionistische Praxis
Post-konventionell (Postmoderne):	Reziproke Toleranz und Anerkennung, all-perspektivisch, kooperativ-altruistisch, solidarisch, nachhaltig.	Universalistisch, pluralistisch, systemisch, komplementär, synchronizistisch, kollektiv-inklusiv, transpersonal, reziproker Rollenwechsel	Selbsttranszendenz, Menschenrechte, globales Referenzsystem, Offenheit / transfinit, Integrale Praxis, universelle Gerechtigkeit, Fairness

Tabelle 7: Entwicklungsstufen des Bewusstseins; Charakteristika der Bewusstseinsentwicklung im Überblick. Tabelle nach Brunnhuber [27].

<table>
<tr><td rowspan="1">Level 1</td><td colspan="2">Highly Capable Individual
Makes productive contributions through talent, knowledge, skills, and good work habits.</td></tr>
<tr><td>Level 2</td><td colspan="2">Contributing Team Member
Contributes to the achievement of group objectives; works effectively with others in a group setting.</td></tr>
<tr><td>Level 3</td><td colspan="2">Competent Manager
Organizes people and resources toward the effective and efficient pursuit of predetermined objectives.</td></tr>
<tr><td>Level 4</td><td colspan="2">Effective Leader
Catalyses commitment to and vigorous pursuit of a clear and compelling vision; stimulates the group to high performance standards.</td></tr>
<tr><td rowspan="2">Level 5</td><td colspan="2">Executive
Build enduring greatness through a paradoxical combination of personal humility plus professional will. Level 5 leaders are a study in duality: modest and wilful, shy and fearless:</td></tr>
<tr><td>Personal Humility
Demonstrates a compelling modesty, shunning public adulation; never boastful.

Acts with quiet, calm determination; relies principally on inspired standards, not inspiring charisma, to motivate. Channels ambition into the company, not the self; sets up successors for even more greatness in the next generation.

Looks in the mirror, not out the window, to apportion responsibility for poor results, never blaming other people, external factors, or bad luck.</td><td>Professional Will
Creates superb results, a clear catalyst in the transition from good to great. Demonstrates an unwavering resolve to do whatever must be done to produce the best long-term results, no matter how difficult. Sets the standard of building an enduring great company; will settle for nothing less.

Looks out the window, not in the mirror, to apportion credit for the success of the company – to other people, external factors, and good luck.</td></tr>
</table>

Tabelle 8: Level 5 Hierarchy and the Yin and Yang of Level 5 Leadership; Tabelle nach Jim Collins [131].

Diese als „Level-5 Leadership“ bezeichneten Qualitäten sind laut Jim Collins für den beschriebenen Transformationsprozess von „gut“ zu „exzellent“ notwendig. Daneben definiert er vier weitere Stufen von Führungsqualitäten, die für den Aufstieg zu „guter“ Performance ausreichen und auf Stufe fünf ebenfalls transzendiert sind (Tabelle 8).

5.5.3 „Reinventing Organizations“ nach Frederic Laloux

In seinem Buch *Reinventing Organisations* fokussiert Frederic Laloux den Zusammenhang zwischen der Bewusstseins- und Organisationsentwicklung sowie der nachhaltigen Entwicklung [86]. Auf Basis von Gebser, Wilber et al. (siehe oben) differenziert Laloux fünf Bewusstseinsstufen:

1. Tribale Weltanschauung
2. traditionelle Weltanschauung
3. moderne Weltanschauung
4. postmoderne Weltanschauung
5. integrale bzw. evolutionäre (spirituelle) Weltanschauung

Laloux legt dar, dass das Erreichen jeder Entwicklungsstufe menschheitsgeschichtlich immer mit der Etablierung wirkungsvollerer Prinzipien der Organisation einherging (siehe Abbildung 5).

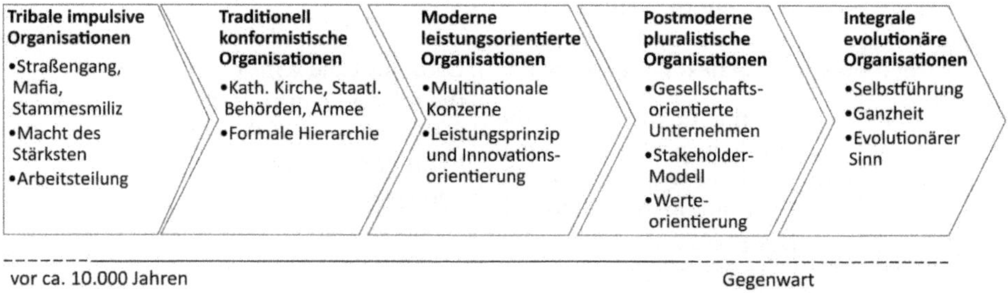

Abbildung 5: Abfolge der Organisationsmodelle in der Entwicklungsgeschichte des menschlichen Bewusstseins mit Beispielorganisationen und wesentlichen organisationalen Errungenschaften der jeweiligen Entwicklungsstufe. Eigene Darstellung auf Basis von Frederic Laloux [86].

Es zeigt sich: Genausowenig wie in einer Gesellschaft alle Menschen aus demselben Bewusstseinsschwerpunkt handeln (können), genausowenig findet sich in Organisationsformen nur eine Stufe ausgeprägt. Dort, wo spätere Bewusstseinsstadien handlungsleitend sind, prägen sich effizientere, humanistischere bzw. nachhaltigere Organisationsprinzipien aus.

Aktuell befindet sich der Mainstream unserer Institutionen noch in einer Phase, in der sich die Organisationsprinzipien der „postmodernen-pluralistischen“ Weltanschauung noch in Diffusion und Konsolidierung befinden:

Die wichtigen Neuerungen dieser Entwicklungsstufe (Gesellschafts- und Werteorientierung, Stakeholder-Inklusion) sind ziemlich exakt jene, die mit dem St. Galler Managementsystem seit den 1980er Jahren Einzug in die Managementliteratur hielten. Organisationen, die sich eng an dem St. Galler Managementmodell orientiert entwickelt haben, werden in der organisationalen Charakterisierung ihres Bewusstseinsparadigmas voraussichtlich eine starke Verwandtschaft zur postmodern-pluralistischen Weltanschauung aufweisen (vergleiche hierzu z.B. Rüegg-Stürm et al. [83] mit Laloux [86]).

Doch während die Masse der Organisationen noch um die Konsolidierung von Partizipation, Inklusion, Nachhaltigkeit und Werteorientiertung ringt, handeln einige Pioniere bereits seit Jahrzehnten aus einem „integral-evolutionären“ Bewusstsein heraus:

Auf Basis der Fallstudien an zwölf Organisationen diverser Branchen/Sektoren mit >100 Mitarbeitern erarbeitete Laloux eine umfassende Beschreibung der organisationalen Praktiken, die letzterer Bewusstseinsstufe entsprechen. In Tabelle 10 sind dieser Bewusstseinsschwerpunkt sowie die sich daraus ergebenden wesentlichen organisationalen Durchbrüche charakterisiert. Wichtig ist erneut zu betonen, dass Laloux davon ausgeht, dass die Bewusstseinsstufe (bzw. die Weltanschauung), aus der die Führungskräfte einer Organisation handeln, maßgeblich die Entwicklungsstufe der ganzen Organisation bestimmt:

„Bewusst oder unbewusst etablieren Führungskräfte in der Organisation diejenigen Strukturen, Praktiken und Kulturen, die ihnen sinnvoll erscheinen und mit ihrem Umgang mit der Welt korrespondieren. [...]. Das bedeutet, dass eine Organisation sich nicht weiter entwickeln kann, als die Entwicklungsebene, auf der sich die Führung befindet." Frederic Laloux [86].

Wesentliche Praktiken eines normativen Managements sind erst ab einem postmodernen Bewusstseinsstadium möglich. Führungskräfte, die von ihrer Bewusstseinsentwicklung noch nicht über die leistungsorientierte („moderne") Stufe hinausgewachsen sind, würden, in Krisenzeiten, doch wieder profitorientierte Entscheidungen treffen, da sie die aus einer späteren Entwicklungsstufe kommende, werteorientierte Praxis und Kultur mangels Vertrauen dann „nicht aufrechterhalten können." [86].

5.5.4 Merkmale des Führungsstiles nach Rooke & Torbert

Ein Team rund um die Unternehmensberater David Rooke und William Torbert [132] hat in mehrjährigen, teilnehmenden Beobachtungen zehn Unternehmen in organisationalen Wandlungsprozessen begleitet. Sieben der zehn Unternehmen verbesserten während der Untersuchungszeit (durchschnittlich 4,2 Jahre) ihre Größe, Profitabilität, Qualität, Strategie, Reputation bzw. Organisationsstruktur deutlich. Im Rahmen dieser Studie wurden die Führungskräfte auf Basis des psychometrischen Satzvervollständigungstestes *Washington University Sentence Completion Test*[85] (SCT) nach Jane Loevinger hinsichtlich der Stufe ihrer Persönlichkeitsentwicklung eingestuft. Eine charakterisierende Differenzierung der hier zur Anwendung gekommenen Entwicklungsstufen ist in folgender Tabelle dargestellt.

85 Dieser Test wird in der klinischen Psychologie und Psychiatrie wegen seiner hohen Validität und (inter-rater-) Reliabilität vielfach verwendet. Siehe Weiss et. al [133].

Impulsiv: Werden von spontaner Impulsivität beherrscht.
Opportunist: Kurzer Zeithorizont; fokussieren sich auf konkrete Dinge; arbeiten manipulativ; trügerisch; lehnen Feedback ab; beschuldigen andere; inkonstante Selbstbeherrschung; halten Glück für erfolgsentscheidend; denken in Stereotypen; verstehen Regeln als Freiheitsverlust; bestrafen nach dem Prinzip „Auge um Auge, Zahn um Zahn"; Verständnis von Legalität: „Wo kein Kläger, da kein Richter"; dominante Zielsetzung: Macht erlangen um die gewünschten Effekte auf die Außenwelt zu haben.
Diplomat: Überwachen und protokollieren; vermeiden interne und externe Konflikte; arbeiten entsprechend den gängigen Standards; sprechen in Klischees und Plattitüden; schämen sich, wenn Regeln verletzt wurden; Sünde = wenn andere verletzt werden; bestrafen durch Missbilligung; suchen stets die Zugehörigkeit; starkes Streben, Gesichtsverlust zu vermeiden; sind kooperativ und loyal zu ihrem direkten Umfeld; stets darauf aus, es allen recht zu machen; passen sich an die umgebende Markt- bzw. Branchenkultur an.
Experte: Im eigenen Fachgebiet sehr kompetent; intellektuell beherrscht; suchen nach Problemursachen und -lösungen; selbstkritisch; das Handwerk ist die rationale Logik; Effizienz geht über Effektivität; sind perfektionistisch und in Ansichten dogmatisch; akzeptieren Feedback nur von objektiven, fachlichen Meistern; bewerten Entscheidungen an Hand des erzielten Ertrags; erkennen grundsätzliche Kontingenz und sind daher bereit, Ausnahmen zu machen; möchten sich hervortun und einzigartig sein; fühlen sich einer allgemein internen moralischen Ordnung verpflichtet; sind innovationsorientiert und experimentierfreudig gegenüber Strukturen.
Executive: Verfolgen Langzeitziele; denken an die Zukunft; sind Feedback gegenüber offen; effektivitäts- und ergebnisorientiert; Selbstverständnis als Initiator statt Marionette; anerkennen und begrüßen systemische Komplexität; suchen generalisierbare Lösungen für Handlungen; bevorzugen Gemeinschaftslösungen statt Hierarchie; fühlen sich schuldig, wenn eigene Standards nicht eingehalten werden können; blind gegenüber dem eigenen Schatten; blind gegenüber der Subjektivität hinter der Objektivität; streben in Praxis nach Verbesserung auf Basis selbstgewählter (aber nicht selbst erdachter) ethischer Grundsätze; grundsätzliches Streben zur Institutionalisierung.
Strategist / Leader: Lösen Konfliktsituationen kreativ. Erkennen die Wichtigkeit von Prinzipien, formulierten Abkommen, theoretischen Annahmen und eigenem Ermessen – nicht nur Regeln, Anpassungen und Ausnahmen – für das Treffen und Aufrechterhalten guter Entscheidungen; sind prozess- und zielorientiert; sind sich der Gegensätze und Paradoxien bewusst; denken relativistisch; sind sich bewusst, dass individuelle Wahrnehmung und Deutung der Realität von der jeweiligen Weltanschauung abhängig ist; geben der Individualität hohen Stellenwert; suchen oft einzigartige Marktnischen; betonen bestimmte historische Momente; genießen es, eine Vielzahl verschiedener Rollen einzunehmen; witziger, existenzieller Humor (im Kontrast zu vorgefertigten Witzen); sind sich der dunklen Seite bewusst, der Tiefgründigkeit des Bösen und selbst versucht von dieser Macht. Zeichnen sich durch kontinuierliche und selbstreflektierte Neuausrichtung von Mission, Strategie und Timing auf Basis der Interessen von Kunden und Stakeholdern aus.
Magician / Witch / Clown: Die eigene Ego-Identität wird aufgelöst im Zuge von - bzw. erlebt als Nahtod-Erfahrung; suchen Beteiligung in historischen / spirituellen Transformationen; kreieren mythische Events, die Situationen einen neuen Rahmen geben; in inklusiver Präsenz verankert, sehen sie zugleich Licht und Dunkelheit, Ordnung und Unordnung; vermischen polare Gegensätze im erschaffen von Positivsummenspielen; üben sich im bewussten Wahrnehmen, in dem Intuition, Gedanken, Handlungen und deren Effekte auf die Welt im Zusammenwirken untersucht werden; behandeln Zeit und Ereignisse als symbolisch, analog, metaphorisch; lehnen lineare Entwicklungen und Binärlogiken ab. Verfolgen spirituelle Ansätze der (Selbst- bzw. gesellschaftlichen) Transformation.
Ironist: Denken intersystemisch und entwicklungsorientiert. Erkennen unsichtbare Entfremdung in vielen Grundannahmen menschlicher Paradigmen und versuchen durch ironische Worte, Gesten und Handlungen indirekt einen Bewusstseinswandel anzuregen.

Tabelle 9: Merkmale des Führungsstiles in Abhängigkeit von der Stufe der Persönlichkeitsentwicklung nach Rooke und Torbert [132].

Rooke & Torbert fanden heraus, dass Führungskräfte, die im SCT auf höheren Entwicklungsstufen eingestuft wurden, mit ihren Organisationen in großangelegten Transformationsprozessen weit bessere Ergebnisse erzielten als Führungskräfte, die früheren Stufen zugeordnet wurden. Es zeigte sich, dass jene CEOs die besten Erfolge bei der Führung durch organisationalen Wandel hatten, die auf Basis ihrer kognitiv-emotionalen Struktur dazu in der Lage waren, „multiple Wege der Realitätswahrnehmung und -deutung zu berücksichtigen" und anstatt auf einseitige Sichtweisen hierarchischer Führung aufzubauen, auf gemeinschaftlichen und freiwilligen Initiativen basierten.

Um eventuell bestehende Zusammenhänge zwischen der Bewusstseinsentwicklungsstufe von Führungskräften und einem vorbildlich nachhaltigen bzw. transformativen Unternehmenshandeln zu verdeutlichen sollen im Folgenden insbesondere die höheren bzw. späteren Entwicklungsstufen dieser Modelle noch einmal genauer betrachtet und in Beziehung zu den erfassten geistigen Grundlagen Befragten gebracht werden:

5.6 Synthese 2: Die geistigen Grundlagen als Bewusstseinsschwerpunkt

Die wesentlichen Charakteristika der späteren bzw. höheren Entwicklungsstufen, die in den vier zuvor vorgestellten Modellen unterschieden wurden, wurden in Tabelle 10 noch einmal zu einer Übersicht zusammengefasst.

Stellt man diese, in Tabelle 10 dargestellten Charakteristika der späteren Bewusstseinsentwicklungsstufen den im Zuge dieser Arbeit erfassten „geistigen Grundlagen" (wie in Tabelle 11 beispielhaft prozessiert) gegenüber, entdeckt man viele Übereinstimmungen.

Die Gegenüberstellung in Tabelle 11 zeigt, dass die im Zuge der Interviews erfassten geistigen Grundlagen der Befragten in den

Charakterisierungen der späteren/höheren Bewusstseinsentwicklungsstufen der vier eingeführten Modelle eine Entsprechung finden.

Die Befragten weisen also (in ihrer Selbstdarstellung) deutliche Merkmale von Persönlichkeiten auf, die aus späteren Bewusstseinsentwicklungsstufen handeln.

Diese Aussage findet sich erst recht dann bestätigt, wenn man die in der Literatur gegebenen Charakteristika der früheren (also modernen/konventionellen oder der präkonventionellen) Bewusstseinsentwicklungsstufen zu diesem Vergleich hinzuzieht: Man kann dann feststellen, dass es zwischen der Charakterisierung der früheren Stufen kaum Übereinstimmung mit den Selbstbeschreibungen der Interviewpartner gibt. Stattdessen tritt klar hervor, dass die Befragten die Affekte, Sozialstandards und Verhaltensweisen früherer Bewusstseinsschwerpunkte transzendiert haben – d.h. reflektiert und bewusst mit ihnen umgehen können.

Darüber hinaus finden sich in den Tabellen 10 und 11 noch weitere Charakterisierungen, die ihre Entsprechungen in den geistigen Grundlagen der Befragten finden, so z.B.

- der Einbezug der Stakeholder-Interessen,
- Führung als Hilfe zur Selbstführung,
- langfristiges Denken.

Besonders auffällig ist in Tabelle 10 der wiederholte Verweis auf *Selbsttranszendenz.*[86] Bei Laloux wird diesem Prozess zugeschrieben, mit der Überwindung egoistischer Ängste und Affekte bzw. Demut im Umgang mit Widrigkeiten einherzugehen. Ähnlich sprechen Rooke & Torbert von der Auflösung der Ego-Identität

86 Selbst-Transzendenz geht mit dem „Willen zum Sinn" einher und ist „definiert durch den Umstand, dass der Mensch erst dann ganz Mensch wird, wenn er aus sich heraustritt und in der Hingabe an eine Sache oder an einen Menschen aufgeht. Selbst-Transzendenz hat als innere Voraussetzung die Selbstdistanzierung und als äußeren Referenzpunkt Werte in einem Orientierung-gebenden Sinnzusammenhang. Mit dieser intentionalen Veranlagung der Person geht das Vermögen zum Dialog und zu Begegnung einher." [134].

Quelle	Datenbasis	Charakteristika der späteren/höheren Entwicklungsstufen
Stefan Brunhuber [27]	Literatur; siehe Anhang 7.3	*Stufe 3 (von 3 differenzierten): Postkonventionelles/ Postmodernes Bewusstsein:* Reziproke Toleranz, kooperativ-altruistisch, solidarische und nachhaltige Verhaltensweisen. Universalistischer, pluralistischer, systemischer Bewusstseinsschwerpunkt; Menschenrechte, globale Fairness als Sozialstandard, Selbsttranszendenz.
Jim Collins [131]	Elf von 1435 Firmen wurden fünf Jahre qualitativ und quantitativ untersucht	*Eigenschaften von CEOs top-performender Unternehmen:* Stufe 4 (von 5): Starkes Engagement im energischen Verfolgen einer klaren und überzeugenden Vision; stimuliert das Umfeld zu hoher Leistungsbereitschaft. Stufe 5: Integriert zwei scheinbar paradoxe Eigenschaften: • Demut und Bescheidenheit (das eigene Ego im Zaum halten) • eiserner Wille bzw. wilde Entschlossenheit für das höhere Ziel
Frederic Laloux [86]	Zwölf Organisationen mit >100 Beschäftigten; Interviews und teilnehmende Beobachtungen	*Stufe 5 (von 5): Integral-evolutionäres Bewusstsein:* Selbsttranszendenz: Überwindung egoistischer Ängste und Affekte; Leben als Reise der Entfaltung; demütiger Umgang mit Widrigkeiten: Täterperspektive / volle Verantwortlichkeit; Fehler als Erfahrung und Entwicklungsmöglichkeit; Integration von Paradoxien: ‚Sowohl-als-auch-Denkweise'; Kognition integriert neben rationaler Logik auch Gefühle und Intuition; innere Stimmigkeit geht vor äußeren Kriterien.

Tabelle 10: Übersicht wesentlicher Charakteristika der späteren bzw. höheren Bewusstseinsentwicklungsstufen aus den Ergebnissen der

Quelle	Datenbasis	Charakteristika der späteren/höheren Entwicklungsstufen
		Organisationale Charakteristika auf Stufe 7: • Praktiken der *Selbstführung* (Ablösung hierarchischer Führung durch gemeinschaftliche Beratung, Vertrauen und „dienende" Führungskräfte) • Praktiken der *Ganzheitlichkeit* zur Integration seelischer, ästhetischer und spiritueller Eigenschaften des Menschen ins Unternehmensleben; Raum für Gefühle und Intuition. • *Evolutionärer Sinn:* Organisation als lebendiger sozialer Organismus mit eigenem Sinn, der sich weiterentwickelt; Praktiken zur Ergründung des Sinns der Organisation, alles Handeln ist sinnorientiert.
Rooke & Torbert [132]	Zehn Unternehmen, durchschn. 4,2 Jahre teilnehmende Beobachtung und psychologische Einstufungstests mit den CEOs	*Bewusstseinsmerkmale von CEOs top-performender Unternehmen:* Stufe 5 (von 8): Verfolgen von Langzeit-Zielen; Zukunftsorientierung. Stufe 6: Integration von Paradoxien; Bewusstsein über Abhängigkeit der Realitätsdeutung von der Weltanschauung; kontinuierliche und selbstreflektierende Weiterentwicklung angestrebt; Einbezug der Stakeholderinteressen. Stufe 7: Auflösung der Ego-Identität; Suche nach Beteiligung in gesellschaftlichen und spirituellen Transformationsprozessen. Stufe 8: Intersystematisch und entwicklungsorientiertes Denken; Erkennen von Entfremdung in gängigen Praktiken und Paradigmen; versuchen durch indirekte Kommunikation und Handlungen einen Bewusstseinswandel anzuregen.

Stufenmodelle von Brunnhuber [27], Collins [131], Laloux [86] sowie Rooke & Torbert [132].

Aus den Ergebnissen:	Aus der Literatur:
Ausgewählte geistige Grundlagen der Befragten	**Charakteristika späterer Bewusstseinsentwicklungsstufen (siehe Tabelle 2)**
radikale Entschlossenheit zur Nachhaltigkeit	Brunnhuber: Solidarische und nachhaltige Verhaltensweisen (Stufe 3/3) Collins: Starkes Engagement im energischen Verfolgen einer klaren und überzeugenden Vision (Stufe 4/5), eiserner Wille bzw. wilde Entschlossenheit für das höhere Ziel gepaart mit Bescheidenheit und Demut (Stufe 5/5)
Ausrichtung auf die Weiterentwicklung von Mensch und Gesellschaft	Laloux: Grundsätzlich evolutionär-prozessuale Perspektive des integralen Bewusstseinsparadigmas, z. B. Leben als Reise der Entfaltung; Fehler als Erfahrung und Entwicklungsmöglichkeit (Stufe 5/5) Rooke & Torbert: Kontinuierliche und selbstreflektierende Weiterentwicklung angestrebt (Stufe 6/8); Suche nach Beteiligung in gesellschaftlichen und spirituellen Transformationsprozessen (Stufe 7/8); Intersystematisches und entwicklungsorientiertes Denken (Stufe 8/8)
Plurale Offenheit, Toleranz und die Fähigkeit, Widersprüche auszuhalten und zu gestalten	Brunnhuber: Reziproke Toleranz, kooperativ-altruistisch. Universalistischer, pluralistischer, systemischer, transpersonaler Bewusstseinsschwerpunkt (Stufe 3/3) Laloux: Integration von Paradoxien: Eine ‚Sowohl-als-auch-Denkweise' löst altes ‚Entweder-oder-Denken' ab (Stufe 5/5) Rooke & Torbert: Integration von Paradoxien (Stufe 6/8)
Integration seelischer und geistiger Dimensionen	Laloux: Ganzheitlichkeit: Integration seelischer, ästhetischer und spiritueller Eigenschaften des Menschen ins Unternehmensleben; Raum für Gefühle und Intuition (Stufe 5/5)
Verständnis der Organisation als lebendiger (sozialer) Organismus	Laloux: Evolutionärer Sinn: Organisation als lebendiger sozialer Organismus mit eigenem Sinn, der sich weiterentwickelt; Praktiken zur Ergründung des Sinns der Organisation, alles Handeln ist sinnorientiert (Stufe 5/5)

und Jim Collins von der selbstlos-demütigen Zurückhaltung. Auch Brunnhuber charakterisiert den Übergang vom konventionellen zum postkonventionellen Bewusstseinsparadigma als Transzendierung ego-logischer Denk- und Verhaltensweisen. Diese Beschreibung findet in den Ergebnissen nur in den von einzelnen Befragten erwähnten Tugenden „Genügsamkeit" bzw. „Demut" eine Entsprechung. Auf Basis der Interviews können somit keine Aussagen über die Selbsttranszendenz der Befragten getroffen werden.

Dennoch weist all dies darauf hin, dass die Interviewpartner bzw. ihre Organisationen (gemäß ihrer Selbstdarstellung) schwerpunktmäßig aus einem pluralistisch-postmodernen (bzw. postkonventionellen) und teilweise aus einem integral-evolutionären Bewusstseinsparadigma handeln. Die Interviews haben zudem gezeigt, dass die im Zuge der Inhaltsanalyse erfassten geistigen Grundlagen der Befragten richtungsweisend für ihr organisationales Handeln sind. Führt man dies nun mit oben gemachter Feststellung der Übereinstimmung von geistigen Grundlagen und den Charakterisierungen späterer Bewusstseinsentwicklungsstufen zusammen und berücksichtigt auch die begriffliche Konnotation von *Geist* als *Bewusstsein*, scheint folgender Begriffstransfer schlüssig: Die geistigen Grundlagen können als charakteristisches Abbild der Bewusstseinsverfassung der Befragten verstanden werden – als Grundlagen ihres *Nachhaltigkeitsbewusstseins*.

Der Begriff des *Nachhaltigkeitsbewusstseins* ist in den Sozialwissenschaften schon länger gebräuchlich. Beispielsweise legen Kuckartz & Rheingans-Heintze [135] empirisch dar, dass in der

← Tabelle 11 (Seite 124): Gegenüberstellung einiger ausgewählter geistiger Grundlagen aus der Empirie dieser Arbeit mit ausgewählten Charakteristika höherer Bewusstseinsentwicklungsstufen auf Basis der Differenzierungen von Brunnhuber [27], Collins [131], Laloux [86] sowie Rooke & Torbert [132].

Gesellschaft an die Stelle des ehemals durch die Wahrnehmung bzw. Befürchtung von Umweltkatastrophen gekennzeichnete Umweltbewusstsein ein neues, konstruktiv auf Zukunft ausgerichtetes Nachhaltigkeitsbewusstsein tritt.

So lässt sich zusammenfassen: Die Befragten handeln nicht nur hinsichtlich der in Kapitel 2.4.2 identifizierten Wirkungsdimensionen transformativ – sondern erfüllen im Sinne von Kapitel 5.4 auch ein um die Tiefendimension des notwendigen Bewusstseinswandels erweitertes Begriffsverständnis von *transformativer Unternehmensführung*. Die Ergebnisse von Rooke & Torbert und Laloux zeigen, dass die erfolgreiche Führung durch Transformationsprozesse ein spätes/fortgeschrittenes Bewusstseinsentwicklungsstadium der Führungskräfte voraussetzt. Bringt man diese Erkenntnis nun mit der zuvor erfolgten Synthese der geistigen Grundlagen und der Charakterisierung später Bewusstseinsentwicklungsstadien zusammen, ergibt sich folgende Überlegung: *Das Gelingen transformativer Unternehmensführung erfordert ein pluralistisches, integrales, evolutionäres, ganzheitliches und selbsttranszendentes Bewusstsein der Führungskräfte*. Die in der Empirie ermittelten geistigen Grundlagen der Befragten charakterisieren dieses als *Nachhaltigkeitsbewusstsein*.

Insbesondere für jene Leser, die selbst vor der Herausforderung stehen, eine transformative Organisation gestalten zu wollen, soll abschließend auf die Frage eingegangen werden, ob und wie die individuelle wie organisationale Weiterentwicklung geistiger Grundlagen in Richtung eines transformativen Nachhaltigkeitsbewusstseins gefördert werden kann.

6 Der Weg zur Nachhaltigkeit beginnt im Inneren

6.1 Integration der geistigen Grundlagen ins St. Galler Management-Modell

Während heutzutage normative und ethische Fragen in den Wirtschaftswissenschaften immer mehr Berücksichtigung finden, stehen Ansätze zum Einbezug weltanschaulicher bzw. sogar spiritueller Fragen bisher noch sehr vereinzelt da. Selbst in den nachhaltigkeitsorientierten transformativen Wirtschaftswissenschaften wird das enorme transformative Potential eines Bewusstseinswandels bisher nur zögerlich thematisiert. Dies liegt unter anderem wohl daran, dass nur wenige Unternehmerpersönlichkeiten ein so dezidiertes und übendes Verhältnis zu einer Weltanschauung haben, wie dies für die befragten anthroposophischen Unternehmensleiter gilt.

Im Bezugsrahmen des St. Galler Management-Modells war auch die *Managementphilosophie* noch eine „Black-Box“: Es war nicht klar definiert, was sich hinter dem Begriff verbirgt. Für die Befragten konnte die Black-Box-Managementphilosophie mit den dargestellten geistigen Grundlagen gefüllt werden. So kann für die Befragten das Modell eines normativen Managements von Knut Bleicher [55] wie in Abbildung 6 dargestellt, erweitert werden.

Eine Verallgemeinerung dieses Modells ist angesichts der kleinen Stichprobe von Unternehmen mit Vorsicht zu genießen. Dennoch birgt diese Verfeinerung des Managementmodells ein Potential für die Praxis: Es kann Führungskräften eine Orientierung dahin geben, ein „Selbst-Bewusstsein“ über die Wirkungsrichtung ihres eigenen Handelns und dessen Motive und Treiber zu erlangen. Und eben dieses Bewusstsein ist ja ein wichtiger Schritt zur

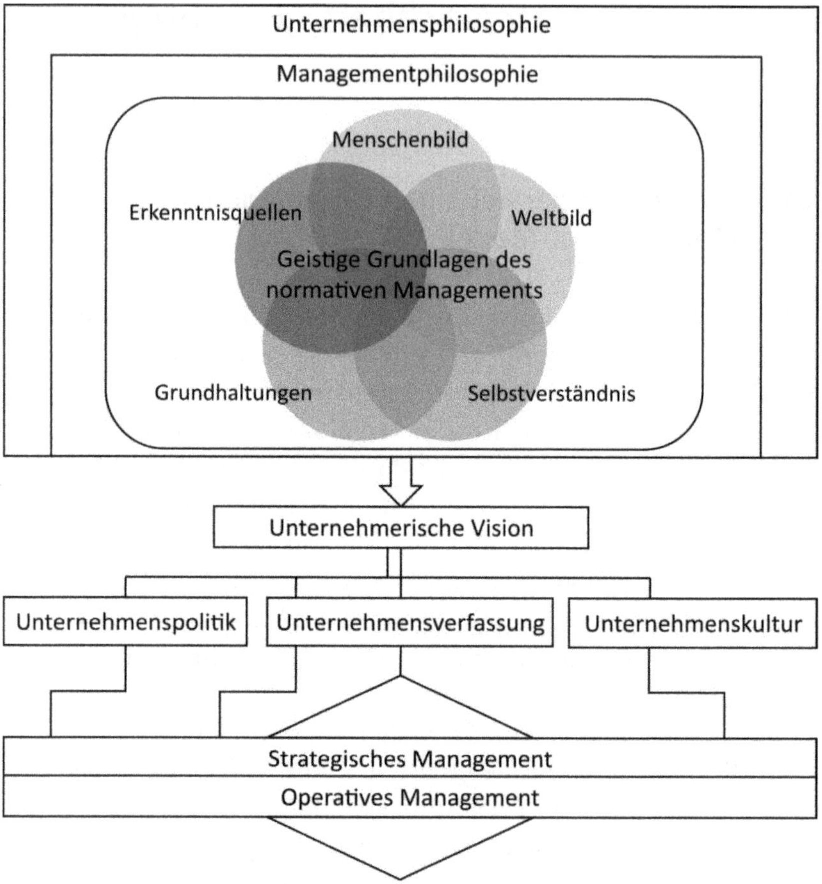

Abbildung 6: Ergänzung des Modells normativen Managements nach Knut Bleicher [55] um die geistigen Grundlagen, die im Zuge der Interviews mit fünf Unternehmensleitern ermittelt wurden.

Entwicklung eines (individuellen wie organisationalen) Nachhaltigkeitsbewusstseins.

Um das Modell verallgemeinerbar zu machen, müssten weitere Unternehmen befragt werden. Auch eine das Interviewmaterial ergänzende, systematische Erfassung weiterer Informationen auf

Basis von Publikationen der Unternehmen (insbesondere deren Nachhaltigkeitsberichte) und Quellen Dritter (z. B. weitere publizierte Interviews mit den CEOs und Gutachten von Zertifizierungsinstituten) wäre sinnvoll. So könnte eine differenzierte Best-Practice-Übersicht für die verschiedenen Bereiche des normativen Managements erarbeitet werden, die die besten Konzepte, Praktiken und Strategien der verschiedenen Unternehmen portraitiert. Hiervon könnten insbesondere potentielle Nachahmer profitieren. Letztendlich wäre auch der Versuch einer Vermessung des „Attitude-Behaviour-Gap" interessant, also der Kluft zwischen den Aussagen der CEOs und der Unternehmensrealität z. B. auf Basis umfassender Stakeholder-Interviews.

6.2 Bewusstseinsentwicklung und Organisationsentwicklung

Die Ergebnisse der Befragungen bieten einen Wegweiser zur Lösung der folgenden Frage: Wie kann die individuelle und organisationale Weiterentwicklung der geistigen Grundlagen zu einem Nachhaltigkeitsbewusstsein gefördert werden? Diese Frage stellt sich insbesondere deshalb, weil als wesentliche Quelle der geistigen Grundlagen die individuelle Sozialisierung des Menschen ausgemacht wurde. Können einmal gewachsene Menschenbilder und Weltanschauungen sich noch ändern? Können sich Grundhaltungen und Maxime, die uns unsere Eltern und Lehrer mitgegeben haben, in uns später nochmal ändern?

Die psychologische Forschung zur Sozialisierung besagt, dass Weltanschauungen und normative Grundhaltungen in Form von „Routinegewissheiten" insbesondere während der Kindheit im familiären Umfeld (primäre Sozialisationsphase) bzw. während der Schulzeit geprägt werden (sekundäre Sozialisationsphase) [136]. Während tiefe emotionale Prägungen der frühen Kindheit weitgehend als „alternativlos verinnerlicht" gelten, sind die im

Zuge der sekundären Sozialisationsphase geprägten Anschauungs- und Bewertungsmuster durchaus noch veränderbar. Das wird umso schwieriger, je länger ein Mensch in einem gleichbleibenden Milieu (Szene, bestimmte soziale Umgebung) immer wiederkehrende Routineerfahrungen macht, denn die Bildung von Weltanschauungen gleicht einem psychologischen Sedimentationsprozess[87] [137].

Dies deckt sich damit, dass drei der Befragten berichteten, die Begegnung mit anderen Milieus, Werte- und Kultursystemen während ihrer Ausbildungszeit hätte ihre Grundhaltungen besonders geprägt bzw. neu sortiert.

Doch auch dort, wo im Zuge der bisherigen Sozialisation die geistigen Grundlagen zum nachhaltigen Handeln noch nicht ausgeprägt worden sind, kann dies bewusst gefördert werden. Selbst nicht-nachhaltige Prägungen können (wenn auch nur schwer) durch neue Erkenntnisse und darauf folgende Routinen im alltäglichen Denken und Handeln in ein Nachhaltigkeitsbewusstsein verwandelt werden. Stefan Brunnhuber beschreibt auf Basis seiner Analyse der psychologischen Affekt-, Verhaltens-, Motivations- und Bewusstseinsforschung sieben Ansatzpunkte, „die ein intrinsisches Transformationspotential vom Subtyp der Veränderung unseres Bewusstseins haben" [27]. Diese wurden auf Basis der Erkenntnisse aus den Interviews zu der in Abbildung 7 dargestellten und im folgenden erklärten *Transformationstreppe* angepasst.

1.) Der erste Schritt auf diesem Entwicklungspfad zum Nachhaltigkeitsbewusstsein beginnt mit dem Aufsuchen realer, praktischer Lernerfahrungen und analoger „Face-to-Face-Interaktionen". Mit der Analogie, dass *wir werden, was wir tun,* haben echte Begegnungen (z.B. mit Vorbildern des Wandels) oder manuelle,

87 Dies vermag auch die mit dem Alter abnehmende Wandlungsbereitschaft sowie starre, intolerante und nicht-plurale Weltanschauungen von Fundamentalisten zu erklären, die ihre isolierten gesellschaftlichen Nischen kaum verlassen [137].

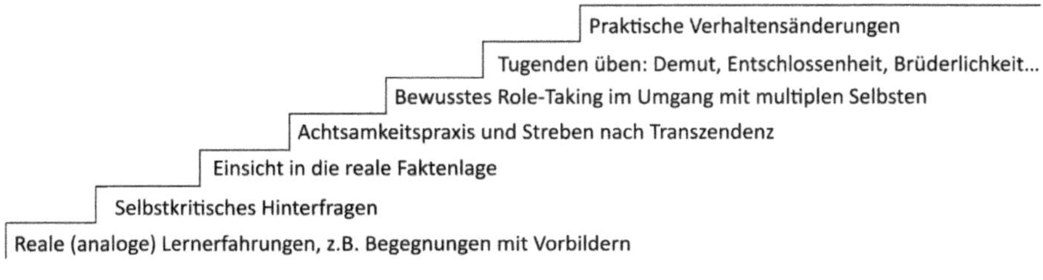

Abbildung 7: Die siebenstufige Transformationstreppe zur Förderung des Nachhaltigkeitsbewusstseins. Eigene Darstellung in Anlehnung Stefan Brunnhuber [27].

analoge Tätigkeiten (z.B. die Mitarbeit in einer Solidarischen Landwirtschaft) die Kraft, im Menschen den Freiraum für nachhaltige Motivationsveränderungen und transformative Kompetenzen anzulegen [27].

Beispiel 1: Begegnungen mit Vorbildern des Wandels, wie sie z.B. das Studierenden-Netzwerk „Youth Future Project" zwischen jungen Menschen und Preisträgern des „Alternativen Nobelpreises" mehrfach organisiert haben, zeigen das Biografieveränderungspotential: In mehrtägigen Workshops auf Augenhöhe begegneten bei den Youth Future Conferences die Studierenden den Preisträgern, die sich auf vielseitige Weise für den Schutz der Umwelt, die Menschenrechte und die Generationengerechtigkeit einsetzen. Noch Jahre später kamen berührende Berichte von TeilnehmerInnen, dass diese Begegnungen für ihren weiteren Werdegang von entscheidender Bedeutung waren. [138].

Beispiel 2: Immer mehr Menschen wünschen sich wieder mehr verbunden zu sein mit dem Enstehungsprozess ihrer Konsumgüter. Im gemeinschaftlichen Teilgeben und Mitgestalten von Landwirtschafts- oder Gartenprojekten, Werk- und Reperaturcafés, Tauschbasaren und so weiter werden Menschen wieder zu kreativen Produzenten – begegnen anderen Menschen und erleben den sozial-materiell-analogen Entstehungsprozess der Dinge: Sie erleben die „menschliche (Entstehungs-)Geschichte hinter der Dingen" wieder selbst mit. Hier wird Selbstwirksamkeit sozial sinnhaft erfahrbar. Viele dieser Projekte wirken zudem entschleunigend auf gesellschaftliche Prozesse und sind in vielerlei Hinsicht nachhaltiger als die anonymen Fremdversorgungsstrukturen der Marktwirtschaft. So kann man sagen: Wer das gute Leben fern kommerzialisierter Konsumwelten als wohltuend und befreiend erlebt, hat die Möglichkeit den Mut zu finden, es auch für sich in Erwägung zu ziehen.

2.) Der nächste Schritt ist, sich im Einnehmen einer selbstkritischen Haltung zu üben. Das tägliche Hinterfragen der eigenen Handlungen und Positionen (auch der eigenen Ausflüchte) ist mühsam, aber Voraussetzung für Veränderung.

Das Gedicht *Das Fundament* von Conrad Ferdinand Meyer beschreibt den hier gemeinten Prozess treffend:

> Sei wahr und wirf ihn weit zurück
> den Schleier über deinem Blick!
> Sieh' dich wie einen andern an
> und nenn' all das, was du getan!
> Die Wahrheit ist ein scharfes Schwert,
> das mitten in die Seele fährt.
> Der Zauber weicht, es flieht der Schein,
> die Luftgebäude stürzen ein.
> Und wenn der Staub verronnen ist,
> so nimm dich selber wie du bist!
> Dann bau' erneut und bau' zu End'
> auf dies bescheid'ne Fundament!

3.) Wo die Einsicht in die Notwendigkeit einer Selbstveränderung dämmert, verhindern oftmals (irrationale) Vorbehalte eine wirksame Verhaltensveränderung. Eine nüchterne Betrachtung der realen Faktenlage (z. B. über den eigenen Konsum oder Führungsstil) kann helfen, eigene Vorbehalte zu überwinden.

„Mit der Einsicht in die Mitverantwortung für die Selbstzerstörung fängt ein politisches Verhalten, das rettend sein kann, gerade an. […] Also ist die Wahrheit über uns selbst zu suchen die wichtigste politische Disziplin." Rudolf Bahro [45]

4.) Der vierte Schritt basiert auf Ergebnissen der psychologischen Stressforschung. Meditation, Yoga- und Achtsamkeitsübungen fördern die Weiterentwicklung des Bewusstseins, schreibt Brunnhuber. Viele Menschen, die sich auf höhere und damit nachhaltigere Bewusstseinsstufen zubewegen wollen, praktizieren Yoga, Meditation oder gehen in die Natur …

… „um einen stillen Platz zu finden, der es der Stimme der Seele erlaubt, uns ihre Wahrheit und Führung zu vermitteln." Frederic Laloux [86].

5.) Die fünfte Stufe geht davon aus, dass im Menschen verschiedene Rollen bzw. ein multiples Selbst veranlagt sind. Jeder kann lernen, bestimmte seiner Rollen bewusst einzunehmen oder zu sublimieren, um bestimmte Ziele (z.B. eine nachhaltigere Lebenspraxis oder einen demütigeren Führungsstil) zu erreichen [27]. Die Fähigkeit, Rollen bewusst einzunehmen, anstatt in Affekte oder Stereotypen zu verfallen, eröffnet Managern beispielsweise die Möglichkeit, *positive Irritationsmomente* zu schaffen, in denen Neues entstehen kann und Transformation möglich ist.

„Häufig ist es jedoch so, dass wir gerade in schwierigen Situationen besonders erfolgreich sind, wenn wir auch Rollen einnehmen können, die in den jeweiligen Kontexten vielleicht eher ungewöhnlich sind, denn, wenn wir die vorauseilende Rollenkonformität durchbrechen, können überraschende und konstruktive Lösungen entstehen." Paul Kohtes [139].

6.) Auf die Adoleszenz der Bewusstseinsentwicklung, in der spontane, emotionale Affekte hingebungsvoll ausgelebt werden, kann eine Phase folgen, in der vernunftbegabte „postkonventionelle Affekte" (Tugenden) geübt werden können [27]. Tugenden haben, insbesondere was kulturkreative Antworten auf die einseitig pervertierten kulturellen Prozesse angeht, transformatives Potential, da sie zu ausgleichenden, abgewogenen, vernunftbegabten Handlungen führen [140]. Einige beispielhafte Tugenden (Entschlossenheit, Brüderlichkeit, Geduld, Genügsamkeit, Demut etc.) kamen in den Interviews zur Sprache. Schon Aristoteles stellte in seiner *Nikomachischen Ethik* klar, dass Tugenden nur durch alltägliches Praktizieren erlernt werden können:

> „Tugenden sind der Pfad der sich bildet, in dem er begangen wird" Otto Friedrich Bollnow [141].

> „Individuen wie Organisationen sollten sich daranmachen, die für sie wichtigen Tugenden (also die Fähigkeiten, die sich an den eigenen Wert-Vorstellungen orientieren) zu trainieren. Ein allgemeines Trainingsprogramm hierfür könnte man kulturelle Bildung nennen." Reinhard Pfriem [37].

7.) So kann man schließlich zu den so wichtigen Verhaltensänderungen gelangen, die in das eigene Umfeld hinausstrahlen. Zu den wichtigsten gehören laut Brunnhuber veränderte Ernährungsgewohnheiten (z.B. reduzierter Fleisch- oder Alkoholkonsum), angepasste Mobilität (Fahrrad, ÖPNV), regelmäßige Bewegung, Sozialkontakte (Nachbarschaftshilfe), Auszeiten (Stille, Retreats, Schlafhygiene) und eine gesunde Art zu arbeiten (Stressmanagement). Rudolf Bahro skizziert in dieser Hinsicht einen „auf Subsistenzwirtschaft gegründeten Lebensstil freiwilliger Einfachheit und sparsamer Schönheit".

So ist ein Weg angedeutet, der die individuelle Weiterentwicklung geistiger Grundlagen fördern kann, der die Voraussetzung für ein gelingendes, transformatives Handeln ist. Für Führungskräfte stellt sich allerdings auch die folgende Frage:

Wie kann sich das kollektive Bewusstsein in einer Organisation weiterentwickeln?

Die Bewusstseinsentwicklung (z.B. von Stakeholdern) kann nicht von Dritten (schon gar nicht top-down) herbeigeführt werden. Es können lediglich durch bestimmte Formen der Kommunikation und des Miteinanders soziale Umgebungen und Kulturen gestaltet werden, die dem Einzelnen Entfaltungsraum geben, sich in spätere Bewusstseinsstufen hineinzuentwickeln [7, 86]. Einige Anregungen, wie dies gehen kann, finden sich in den Aussagen der Befragten und in den vorangegangen Kapiteln: So sei z. B. auf das „dienende“ Führungsverständnis der Befragten verwiesen, das auf den partizipativen Einbezug der Mitarbeiter auf Augenhöhe sowie auf die Vermittlung der Sinnhaftigkeit der Arbeit zielt, um so Entfaltungsraum für intrinsische Motivation und Eigenverantwortlichkeit zu öffnen. Namentlich kann z. B. die „dialogische Unternehmenskultur“ (in der Literatur „Dialogische Führung“ nach Kracht & Dietz [142]) von WALA als weiterführende Orientierungshilfe genannt werden. Einige bis ins operationale Geschäft hinunterdeklinierte organisations- und führungspraktische Beispiele zur Gestaltung evolutionärer Organisationen sind bei Frederic Laloux [86] in *Reinventing Organisations* zu finden. Gemeinsam haben diese Ansätze, dass sie die (bewusstseinsmäßige) Weiterentwicklung von Mensch und Organisation fördern und dabei auf neue Formen des sozialen Miteinanders – *soziale Innovationen* – bauen. Deren Herausforderung liegt zunächst in der Selbstverwandlung der Organisationsmitglieder. „Dialogische Führung ist in erster Linie Selbstführung – indem ich mich selbst verändere, verändert sich auch die Zusammenarbeit“, heißt es bei Kracht & Dietz. Und Laloux setzt sogar voraus, „dass wir unser Ego in die Schranken weisen“. Wie die Transformationstreppe verdeutlicht, geht es darum, Vorurteile, Zynismus, Ausweichmechanismen und Ängste zu überwinden, die die neuen Formen der Zusammenarbeit verhindern.

Der Organisationberater und MIT-Professor Otto Scharmer macht deutlich, dass dies nur über eine Öffnung des Denkens, Fühlens und Wollens gehen kann. Aus 150 Interviews mit Führungskräften, Unternehmern und Innovatoren leitete Otto Scharmer in 18-jähriger Arbeit seine „Theorie U“ ab, die er als neuen „Bezugsrahmen für Lernen, Führung, Innovation, und tiefgreifende systemische Erneuerung" beschreibt. Auch Scharmers Ansatz basiert auf der Annahme von unterschiedlichen Bewusstseinsstufen. Die Qualität der Ergebnisse, die ein soziökonomisches System hervorbringt, ist vom Bewusstsein abhängig, aus dem heraus die Menschen im System handeln. In *Theorie U – von der Zukunft her führen* beschreibt er die „soziale Technik" des „Presencing" als einen mehrstufigen Kommunikationsprozess, der in Organisationen zu neuen Formen des Bewusstseins und Miteinanders führen kann. Zunächst erfolgt die Öffnung des Denkens (durch reflexivumwendende Betrachtung des Problems aus anderer Perspektive). Dann erfolgt eine Öffnung des Herzen (durch empathisches Zuhören und Hineinspüren in die Perspektive anderer). Und schließlich (als zentraler Transformationspunkt) erfolgt eine Verbindung mit dem gegenwärtigen Moment. Geprägte Rollenbilder und sonst gültige Handlungsmuster werden losgelassen. Das „Anwesendwerden" im gegenwärtigen Moment eröffnet den Raum, sich auf die im Kollektiv vorhandenen kreativen Potentiale einzulassen, die dann zur Gestaltung der Zukunft / Innovation / Lösung der Fragestellung eingesetzt werden können. Die aus diesem (emergenten) Prozess entstehenden sozialen Innovationen haben das Potential, Problemstellungen zu lösen, die aus der alten Denk- und Wahrnehmungsweise nicht gelöst werden konnten [7, 85, 143].

So wird klar, dass der Übergang von herkömmlichen zu transformativen Führungspraktiken und damit zu integral-evolutionären Organisationsformen nur gestaltet werden kann, wenn sich die Führungskräfte und Stakeholder für geistig-seelische, also immaterielle, trans-rationale, emotionale Ebenen menschlicher Bedürfnisse und Bewusstseinsprozesse öffnen.

6.3 Die Renaissance der Spiritualität in der Wirtschaft

So zeigt sich: ernstzunehmende Mitgestalter der Großen Transformation befreien sich von dem einseitigen materialistisch-naturwissenschaftlichen Weltbild der (alten) Aufklärung. Sie lassen diese „Verstümmelung der Realität" hinter sich und kommen vom reinen Wissen zur Weisheit [69]. Denn in pluralistisch-integralen Weltanschauungen, in spirituellen Praktiken – ja sogar in den Weltreligionen schlummert (wenn sie nicht sakrosankt verstanden werden) großes Potential für das Gelingen einer transformativen Unternehmensführung – für die Mitgestaltung der Großen Transformation [144–148].

> „Spiritualität (versus Materialismus) bedeutet vor allem die Umorientierung unserer Energien von einer Praxis vornehmlich äußeren zu einer Praxis vornehmlich inneren Handelns, vom Sachobjekt zum Subjekt ..." Rudolf Bahro [45].

Wichtig ist (gerade in heutigen Zeiten) zu betonen, dass in diesem von Rudolf Bahro vertretenen Verständnis von Spiritualität alle Praktiken des religiösen Fundamentalismus oder religiös-begründeten Terrorismus nicht spirituell sind, da sie statt Erleuchtung im Inneren eher (explosive) Ereignisse im Außen verursachen wollen.

Die Weiterentwicklung des gesellschaftlichen, institutionellen und organisationalen Bewusstseins muss mit einem individuellen inneren Übungsweg einhergehen. Eine ernstgemeinte Bewusstseinsentwicklungspraxis kann nicht isoliert auf die Arbeit, auf die Kirche, den Yoga-Kurs oder den Einkauf im Bioladen beschränkt sein. Bewusstseinsentwicklung fordert und fördert den ganzen Menschen in allen seinen Lebenswelten – ganzheitlich. So ergeht eine dringende Forderung nach „Ganzheit" (nach Integration der seelisch-geistigen Wesensart des Menschen in alle Prozesse des Arbeitens) an alle gesellschaftlichen Institutionen: Das heißt, dass die sozial-performative Kraft von (spirituellen) Weltanschauungen im Management ebenso wie in der politischen Gestaltung der Rahmenregeln für unser Wirtschaften als gegebene Realität berücksichtigt, begrüßt und gefördert werden müssen. Die althergebrachte Trennung zwischen einerseits Metaphysik und andererseits Wissenschaft, Ökonomie und Politik muss überwunden werden [149]. Glaubensüberzeugungen sollte man nicht länger nur in der Kirche, sondern auch in den Wirtschaftswissenschaften berücksichtigen [150].

Die Ergebnisse dieser Studie zeigen, dass die verbreiteten folkloristischen Vorstellungen von Spiritualität im Vergleich zur integral-evolutionären Haltung der anthroposophisch orientierten Unternehmen (Kapitel 5.3) bzw. der Integralen Philosophie (Kapitel 5.5) nicht mehr haltbar sind. „Sinnes-, leib- und frauenfeindlich und mit seiner Penetranz des Betens veränderungsfeindlich, welt- und genussfeindlich verkopft" waren Formen des mittelalterlichen Mönchtums [3].[88] Zeitgemäße und zukunftsorientierte Spiritualität hingegen ist pluralistisch, integral, evolutionär, undogmatisch, auf kosmologische Selbstbesinnung und individuelle Freiheitsentfaltung, Selbsttranszendenz und Selbstverwirklichung des Menschen ausgerichtet.

So wie die Tugendhaftigkeit des ehrbaren Kaufmanns im mittelalterlichen Venedig und der norddeutschen Hanse stets im christlichen Glauben verwurzelt war [140], braucht es heute eine zeitgemäße Verwurzelung wirtschaftlicher Praxis in geistigen Grundlagen vom Typ eines Nachhaltigkeitsbewusstseins (vgl. Kapitel 5.6). Das an die Wirtschaftswissenschaften gerichtete „Plädoyer für eine Renaissance der Tugendethik" [151] soll deshalb

88 Diese Kritik formulierte Pfriem in Bezug auf die Forderung von Rudolf Bahro, der Wandel sei nur durch die Bildung von Selbstversorgergemeinschaften zu schaffen, deren Zusammenhalt auf gemeinsamer spiritueller Praxis gründet. So schreibt Bahro: „Nahrung, Behausung, Handwerk, Bildungs- und Gesundheitswesen – gehören in den lokalen (kommunalen und kommunitären) Zusammenhang zurückgegliedert. Wir müssen Boden, Werkzeuge, Häuser und den arbeitenden Menschen in ‚Stämmen zweiter Ordnung' wiedervereinigen." [...] „Die Lebensfähigkeit neuer Gemeinschaften hängt von der Gemeinsamkeit der Vision und von der Zentrierung des Alltags auf eine spirituelle Praxis ab, in der sich Eros, Logos und Arbeit versöhnen und überhöhen lassen." Rudolf Bahro [45].

erweitert werden um ein Plädoyer für eine Renaissance der Spiritualität in Wissenschaft, Wirtschaft, Politik und Gesellschaft.

> „Nichts Ökonomisches, sondern diese spirituelle Renaissance, die sich letzten Endes als ein Aufstieg im Bewusstsein und nicht als eine Regression erweisen wird, ist der Lebenskeim der nächsten sozialen Ordnung, die ich Ökopax-Formation nennen will (eine andere Möglichkeit ist ‚Regenbogen-Gesellschaft')." Rudolf Bahro [45].

Dafür müssen neue Räume der ökonomischen Bildung [61], Netzwerke der echten Begegnung und Orte des kulturkreativen Gestaltens geschaffen werden – wozu alle gesellschaftlichen Akteure gleichermaßen aufgefordert sind.

6.4 Bewusstseinsentwicklung als Schlüssel für die Große Transformation

Die voranstehenden Ausführungen haben den Zusammenhang zwischen der Weltanschauung von Führungskräften und einer vorbildlich-nachhaltigen Unternehmenspraxis verdeutlicht:

Ausgelöst durch die Beobachtung, dass sich unter den ausgezeichneten (i.S.v. preisgekrönten) nachhaltigen Wirtschaftsunternehmen des deutschen Mittelstands zahlreiche anthroposophisch orientierte befinden, wurde der Leitfrage nach der Kraft und Bedeutung von Weltanschauungen für das Gelingen nachhaltigen Unternehmertums nachgegangen. Die Frage wurde im Zuge qualitativer Experteninterviews mit den Leitern von fünf ausgezeichnet nachhaltigen Unternehmen (darunter drei anthroposophisch-orientierte) untersucht. Es konnte herausgefunden werden, dass die Weltanschauung aller fünf Unternehmensleiter, deren Elemente als geistige Grundlagen näher differenziert wurden, zentral auf die nachhaltige (Weiter-)Entwicklung von Mensch, Umwelt und Unternehmung ausgerichtet und die richtungsgebende DNA für die ganze Management- und Unternehmenspraxis ist.

Dieser Sachverhalt wurde dann mit den Erkenntnissen aus der Integralen Philosophie und entwicklungspsychologischen Stufen-Modellen der Organisations- und Managementforschung zusammengebracht, deren Ansätze einen Zusammenhang zwischen Bewusstseinsentwicklung und dem transformativen Potential von Führungskräften bzw. Organisationen beweisen. Die in den Interviews ermittelten geistigen Grundlagen der Unternehmensleiter von Alnatura, GLS Bank, WALA, Lebensbaum und VAUDE weisen auf pluralistische, integrale, evolutionäre, ganzheitliche und selbsttranszendente Ausrichtungen hin und entsprechen den Charakteristika fortgeschrittener Bewusstseinsentwicklungsstufen gängiger Modelle der aktuellen Bewusstseinsforschung. So kann auf Basis dieser Arbeit gefolgert werden, dass das Gelingen transformativer Unternehmensführung ein derartig charakterisiertes *Nachhaltigkeitsbewusstsein* voraussetzt. Die Ergebnisse zeigen, dass die Anthroposophie für diese Entwicklung förderlich (wenn auch nicht notwendig) sein kann.

Der Schlüssel zum Gelingen der Großen Transformation kann somit in der kollektiven Weiterentwicklung des menschlichen Bewusstseins gesehen werden. Da die Schulung des Bewusstseins aber ein Übungsweg ist, den jeder Mensch individuell gehen muss, beginnt die Verantwortung auf der kollektiv-organisatorischen wie der individuellen Ebene bei der Verantwortung für sich selbst [37]. Während staatliche und kapitalistische Institutionen die Weiterentwicklung des menschlichen Bewusstseins hemmen, fördern die Befragten – insbesondere die anthroposophischen Unternehmen – die Entfaltung eines *Nachhaltigkeitsbewussteins.* Es ist für die Zukunft von Mensch und Erde von höchster Bedeutung, in der Wirtschaft Orte zur Entfaltung eines neuen (nachhaltigen) Bewusstseins zu erschaffen. Die für diese Studie Befragten können bei der Gestaltung solcher Orte als Vorbilder angesehen werden.

Dieses Buch formuliert hohe Ansprüche an nachhaltigkeitsorientiertes Management. Es ist von eisernem Willen und grundsätzlichem Umdenken die Rede. Dies soll weder abschrecken, noch die (falsche) Vorstellung erwecken, der Autor selbst sei konsequentes Vorbild für eine transformative Lebenspraxis. Hinter dem Formulieren hoher Ideale steht nicht die Erwartung, diese müssten sofort und konsequent realisiert werden. Ideale dürfen Leitsterne am Horizont bleiben – sollen und können aber die Richtung eines Entwicklungsweges markieren. Denn sie werfen die Frage auf: „Wie sollten und wie wollen wir Wirtschaft gestalten?" bzw. „Wie sollten und wie wollen wir auf dieser Erde zusammenleben – und wie verhalte ich mich selbst dazu?"

Die inneren Widersprüche, die diese Frage aufwirft, nicht nur auszuhalten, sondern sogar zu begrüßen und alltäglich neu zu gestalten ist die Grundaufgabe jedes transformativen Akteurs. Dahinter steht die Herausforderung, sich vom urteiligen Schwarz-Weiß-Denken zu verabschieden und ‚ja' zu sagen zur Vielseitigkeit und Widersprüchlichkeit des Menschen, was ein wesentlicher Schritt zum *Nachhaltigkeitsbewusstsein* ist.

7 Anhang

7.1 Auswahl ausgezeichneter Unternehmen

Rang	Unternehmen	Auszeichnungen zwischen 2012–2017
1.	Vaude Sport GmbH & Co. KG	6
2.	Lebensbaum (Ulrich Walter Unternehmens-gruppe)	6
3.	GLS Gemeinschaftsbank eG	5
4.	Alnatura Produktions- und Handels GmbH	4
5.	Neumarkter Lammsbräu Gebr. Ehrnsperger e.K. / KG	4
6.	Frosta AG	4
7.	Rapunzel Naturkost GmbH	3
8.	Speick Naturkosmetik, Walter Rau GmbH & Co. KG	3
9.	memo AG	3
10.	GEPA – The Fairtrade Company GmbH	3

Name des Preises	**Analysierte Jahre**	**Berücksichtigte Kategorien, Platzierungen, Ränge**	**Anzahl Preisträger in der Auswahl**	**Datenquelle (Link siehe entspr. Ziffer im Literaturverzeichnis)**
B.A.U.M. Umweltpreis	2012–2015	Pro Jahr vier Preisträger in der Kategorie KMU	16	152
CSR-Preis der Bundesregierung	2013, 2014, 2016/17	Sieger und Nominierte in vier Kategorien (Unternehmen mit <4999 Beschäftigten exklusive)	55	153
Deutscher CSR-Preis des CSR-Forums	2015, 2016	Sieger und Finalisten (Großunternehmen und Konzerne inkl.)	30	154
Deutscher Nachhaltigkeitspreis	2012–2016	Sieger und Top 3 Platzierungen in drei bis sechs Kategorien (jährlich wechselnd; Konzerne und Großunternehmen exklusive)	51	155
German Awards for Excellence	2016	Nur Erstplatzierte in 33 Kategorien (Großunternehmen und Konzerne inkl.)	33	156
IÖW Ranking der Nachhaltigkeitsberichte	2009, 2011, 2015	1.–3. Platz in der Kategorie KMU / Mittelstand	12	109
Sustainable Entrepreneurship Award	2012–2015	kein Ranking / alle Preisträger berücksichtigt	9	157
ZEIT Wissen-Preis „Mut zur Nachhaltigkeit“	2013–2016	Sieger in zwei Kategorien	8	158
ZeitzeicheN Preis	2012–2015	Preisträger aus zwei Kategorien und Nominierte	7	159
Summe:			**n = 221**	

7.2 Portraits der Interviewpartner in Selbstdarstellungen

ALNATURA

Alnatura Produktions- und Handels GmbH
Mahatma-Gandhi-Straße 7
64295 Darmstadt
info@alnatura.de
www.alnatura.de

Branche:	Bio-Einzelhandel
Beschäftigte:	3.150 (Mai 2019)
Umsatz:	822 Mio. € netto (10/2017–09/2018)

Interviewpartner:
Prof. Dr. Götz E. Rehn,
Volkswirt; Promotion über Modelle der Organisationsentwicklung in Freiburg. Honorarprofessor am FB Wirtschaft der Alanus Hochschule, Leiter des „Instituts für Sozialorganik“

Unternehmen

Vor 33 Jahren entwickelte der Gründer und Geschäftsführer Götz Rehn die Marke und das Unternehmen Alnatura. Schon vor der Unternehmensgründung war es sein Leitgedanke, etwas Sinnvolles für Mensch und Erde zu gestalten.

In mehr als 130 eigenen Alnatura Super Natur Märkten bietet Alnatura heute rund 1.280 Bio-Lebensmittel unter der Marke Alnatura, sowie rund 5.000 weitere Bio- und Naturprodukte an. Wir kooperieren mit Handelsunternehmen für Lebensmittel und Drogeriebedarf, die Alnatura Produkte in rund 12.000 Läden in 14

Ländern (2018) führen. Im Alnatura Online-Shop erhalten Kunden aus Deutschland, Österreich und vielen weiteren europäischen Ländern rund 1000 Alnatura Produkte.

Nachhaltiges Sortiment

Unter der Marke Alnatura werden gemeinsam mit Herstellerpartnern zertifizierte Bio-Produkte, bevorzugt in Demeter-, Bioland- oder Naturland-Qualität entwickelt. Der Alnatura Leitfaden Produktentwicklung priorisiert Produkteigenschaften wie etwa eine bestimmte Herkunft oder die Vollwertigkeit von Zutaten. Unabhängige Experten mit Veto-Recht beraten Alnatura bei der Rezepturentwicklung und prüfen bei jedem neuen Produkt die Einhaltung der hohen Qualitätsanforderungen. Alnatura Märkte führen ausschließlich zertifizierte Bio-Lebensmittel, bio-zertifizierte Naturtextilien und Naturkosmetik. Alnatura arbeitet gemäß den 2010 erlassenen Sortimentsrichtlinien für den Naturkostfachhandel, auch für Warengruppen wie Wildfisch, die nicht der EG-Öko-Verordnung unterliegen. Die Einhaltung prüfen unabhängige Sachverständige.

Nachhaltigkeit über Bio hinaus

- Alnatura Bio-Bauern-Initiative (ABBI): Förderprogramm für heimische Bauern, die auf ökologischen Landbau umstellen, um langfristig ökologisch bewirtschaftete Anbauflächen in Deutschland zu erhöhen
- Engagement für Artenvielfalt: Initiative „Vielfalterleben" seit 2011, Saatgutaktion seit 2003
- Zertifikatsträger zum audit ‚berufundfamilie'
- langfristige, enge Zusammenarbeit mit Herstellerpartnern und Initiativen, z.B. Tierwohlprogramm für Legehennen für alle Hennenherden der Bio-Bauern, von denen Alnatura Eier unter seiner Marke bezieht
- Nutzung von Ökostrom seit 2003 (seit 2010 von EWS Schönau) in über 100 Alnatura Filialen und am Unternehmenssitz in

Darmstadt sowie dem Verteilzentrum in Lorsch, dort noch zusätzliche Energie- und Wärmeversorgung mittels Photovoltaik und Geothermie
- größtes Hochregallager aus zertifiziertem Holz mit natürlicher Kühlung durch gute Dämmung und Absenkung um 2,5 m ins Erdreich
- feste regionale Partnerhöfe liefern Obst und Gemüse für jeden Alnatura Markt
- Ladeneinrichtung aus natürlichen Materialien wie heimischem Holz, umweltverträgliche, lösungsmittel- und mineralölfreie Farben auf Schellackbasis für Möbel sowie Bodenfliesen auf Basis naturbelassener Erden
- energieeffiziente Kühlregale mit Glastüren in den Alnatura Filialen

Quellen und Weiterführende Informationen

- Nachhaltigkeitsbericht 2017/18 https://www.alnatura.de/de-de/ueber-uns/nachhaltigkeit/nachhaltigkeitsbericht
- Literaturverzeichnis [160 und 161]

GLS Gemeinschaftsbank eG
Christstraße 7-11
44789 Bochum
www.gls.de

Branche:	Finanzdienstleister
Beschäftigte:	582 (31.12.2018)
Bilanzsumme:	5,675 Mrd. € (31.12.2018)

Interviewpartner:

Dipl. Oec. Thomas Jorberg
war der erste Auszubildende der GLS Bank. Seit 1993 Vorstand und seit 2003 Vorstandssprecher. Seit 1995 ebenfalls Gründungsvorstand bei der GLS Beteiligungs-AG und Initiator der Energiefonds.
Mehr zur Person bei: [162]

Die Mitgliederbank – Gemeinschaft mit Sinn

Die Initiative „Gemeinschaft für Leihen und Schenken" entstand Ende der 50er Jahre im Kreise der Elternschaft einer Waldorfschule. Mit Hilfe des Rechtsanwaltes Wilhelm Ernst Barkhoff entstand daraus dann die GLS Bank, die 1974 in Bochum eingetragen wurde. Diese Bank gehört heute rund 52.200 Mitgliedern (1/2019). Jedes Mitglied hat in der jährlichen Generalversammlung der Genossenschaft eine Stimme, unabhängig von der Zahl der Anteile. Die GLS Bank als Pionier sozial-ethischen Bankings hat die „Global Alliance for Banking on Values" gegründet, in dem sich die weltweit führenden Alternativbanken zu einem Bündnis zusammenschließen und Hoffnung für eine positive Zukunft der Finanzmärkte geben.

Zitat aus dem Leitbild

„Grundlage unserer Arbeit ist die Achtung vor dem Leben und die Sorge um eine friedliche Koexistenz aller Kulturen, die auf individueller Freiheit und Verantwortung gegründet sind. Wir nehmen den Menschen in seiner Gesamtheit aus Körper, Seele und Geist ernst. Unser Handeln soll die Lebenschancen heutiger und zukünftiger Generationen bewahren und ihre Weiterentwicklung fördern. Ökologie verstehen wir dabei ganzheitlich im Sinne einer Leben fördernden Einheit von Natur und Zivilisationsentwicklung.“

Nachhaltig

Der Mensch mit seinen Bedürfnissen steht im Mittelpunkt. Besondere Unternehmen und Projekte kommen diesen Bedürfnissen auf sozial-ökologische Weise nach. Sie werden von der GLS Bank finanziert. Schwerpunkte sind: erneuerbare Energie, Bildung & Kultur, Ernährung, nachhaltige Wirtschaft, Soziales & Gesundheit und Wohnen. Die Kundinnen und Kunden können auswählen, in welche dieser Branchen ihr Geld fließen soll.

Besonderheiten:

- Entscheidende Rolle der Anthroposophie für die Gründung der Bank
- neben Krediten im gemeinnützigen Bereich auch Schenkungen durch die angegliederte GLS-Treuhand und Stiftungen

Transparent

Die Bank gibt öffentlich und regelmäßig Einblick, was sie finanziert und wie sie ihre Eigenanlagen investiert. Denn nur, wenn Kunden wissen, was mit Ihrem Geld geschieht, können sie es verantwortungsvoll und bewusst einsetzen und sicher sein, dass es in ihrem Sinne wirkt.

Auszeichnungen:

- Deutscher Nachhaltigkeitspreis 2012: „Deutschlands nachhaltigstes Unternehmen“
- German Award for Excellence 2015, 2016
- Sustainable Bank of the Year 2009, 2013
- Sustainable Entrepreneurship Award 2011
- Deutscher Fairness Preis 2011 für Jorberg
- Social Entrepreneur der Nachhaltigkeit 2010
- B.A.U.M.-Umweltpreis für Thomas Jorberg
- Utopia Award 2008

Quellen und Weiterführende Informationen

- Nachhaltigkeitsbericht 2017 https://www.gls.de/privatkunden/gls-bank/gls-nachhaltigkeit/
- Literaturverzeichnis [6, 163, 164]

Ulrich Walter GmbH / Pure Taste Group
Dr.-Jürgen-Ulderup-Straße 12
49356 Diepholz
Tel. +49 (0)5441 / 98 56 – 0
www.lebensbaum.de

Branche:	Bio-Lebensmittel
Beschäftigte:	210 (2018)
Umsatz:	60 Mio. € (2017)

Interviewpartner:
Ulrich Walter, ursprünglich Sozialpädagoge. Übernahm 1979 mit seiner Frau den Diepholzer Bioladen „Lebensbaum". Führt bis heute das Familienunternehmen.

Firmenprofil

Lebensbaum steht für Tee, Kaffee und Gewürze in feinster Bioqualität. Seit 1979 verbindet der norddeutsche Bio-Pionier Genuss mit ökologischer Weitsicht und sozialer Verantwortung. Ökologischer Landbau, langfristige Partnerschaften und strengste Qualitätskontrollen sind die Basis. Rund 540 Produkte bringen den Geschmack der Natur zur Geltung. Produziert wird nach dem Pur-Prinzip: frei von Aromazusätzen, Geschmacksverstärkern und Zusatzstoffen. Darüber hinaus wird klimafreundlich und ohne Einsatz von Gentechnik gewirtschaftet.

Nachhaltig für Genuss

- Nachhaltigkeit ist Grundlage der Geschäftstätigkeit. Sie ist fest auf allen Ebenen verankert: vom Unternehmensleitbild über strategische und operative Umwelt- und Sozialanforderungen im Integrierten Managementsystem bis zu den Handlungsgrundsätzen für unsere Lieferanten und zur nachhaltigen Qualitätsgarantie für unsere Produkte.
- Intensives Lieferkettenmanagement auf der Grundlage von 100 Prozent Bio-Anbau und langfristigen Partnerschaften sind die Grundlage für die sozial und ökologisch verantwortungsbewusste Erzeugung der Rohwaren und für die hohen Qualitätsstandards.
- Für Transparenz vom Feld bis ins Regal sind die Rohwaren chargengenau bis zum Ursprung rückverfolgbar.
- Im Lebensbaum Partner-System wird gemeinsam mit Lieferanten daran gearbeitet, Qualitäts-, Umwelt- und Sozialstandards konsequent weiterzuentwickeln.
- Nutzung der Erdtemperatur zur Klimatisierung
- Das integrierte Managementsystem ist mehrfach ausgezeichnet und vereint IFS-, Bio-, Demeter-, JAS-, BioSuisse-, EMAS-, ISO 14001- und Fairtrade-Zertifizierung.
- Die Nachhaltigkeitsleistungen werden jährlich in einem umfassenden Indikatorensystem erfasst und im IÖW-preisgekrönten Nachhaltigkeitsbericht publiziert.
- Dank hoher Energieeffizienzstandards, 100 Prozent Ökostrom und eigener leistungsstarker Anlagen für Solarstrom und Erdwärme wird in Verbindung mit Kompensationsmaßnahmen klimaneutral produziert.

Preise und Auszeichnungen (Auswahl):

- Deutscher Nachhaltigkeitspreis: Deutschlands nachhaltigstes mittelgroßes Unternehmen 2015
- Ranking der Nachhaltigkeitsberichte: Platz 1 KMU 2015
- CSR-Preis der Bundesregierung: Preisträger 2014

- Deutscher Nachhaltigkeitspreis: Top 3 Deutschlands Nachhaltigste Marken 2014
- IHK-Auszeichnung: Hervorragende Leistungen in der Berufsausbildung 2014
- Entrepreneur des Jahres: Preisträger 2013
- Demeter-Produkt des Jahres 2013: Lebensbaum Espresso Kaapi Kerala
- Biomarke des Jahres 2013 in Silber: Lebensbaum Darjeeling-Premiumtees

Quellen und Weiterführende Informationen

- Nachhaltigkeitsbericht 2016 http://nachhaltigkeit.lebensbaum.com/
- Literaturverzeichnis [160 und 165]

WALA
Arzneimittel Dr. Hauschka

WALA Heilmittel GmbH
Dorfstraße 1
73087 Bad Boll / Eckwälden
Tel. +49 (0)7164 / 9 30 – 0
www.wala.de

Branche: Pharma, Naturkosmetik
Beschäftigte: 901
Umsatz: 144 Mio. € (2017)

Interviewpartner:
Dr. Johannes Stellmann; Wirtschaftswissenschaftler, Promotion in St. Gallen über „Die ökologische Dimension im strategischen Management: Unternehmensstrategien angesichts der zunehmenden Verknappung des Gutes Natur". Seit 2002 Geschäftsführer der WALA. Mehr zur Person bei: [166]

Hand in Hand mit der Natur

Aus der Natur für den Menschen – dieser Leitgedanke begleitet die WALA Heilmittel GmbH seit ihrer Gründung im Jahr 1935. Natürliche Kreisläufe und die Kraft vitaler, unbelasteter Rohstoffe, die unter fairen Bedingungen gewonnen werden, bilden die Basis der WALA Arzneimittel und der Dr. Hauschka Kosmetik. Zentraler Gedanke dabei ist der schonende Umgang mit Organismen – egal ob man von Natur oder von Menschen spricht. Dies spiegelt sich sowohl in der Herstellung oder Vermarktung der Präparate als auch in der Beschaffung von Ressourcen oder im Umgang mit Partnern aus aller Welt wider.

Verantwortung für Umwelt und Natur

Nachhaltigkeit ist bei der WALA Heilmittel GmbH kein Expertenthema, sondern elementarer Bestandteil der Unternehmensphilosophie und somit ein alltäglicher Anspruch:

- Pflanzen, Öle und Wachse bezieht die WALA fast ausschließlich aus kontrolliert-biologischem Anbau, möglichst in Demeter-Qualität und aus fairem Handel.
- Alle Mitarbeiter denken und arbeiten in Stoffkreisläufen – bei der Nutzung von Regenwasser, bei leicht zu recycelnden Verpackungsmaterialien, bei der Kompostierung von pflanzlichen Abfällen aus der Produktion.
- Die WALA nutzt zu 100 Prozent zertifizierten Ökostrom und setzt auf energieeffiziente Technologien wie z. B. Wärmerückgewinnung, Nutzung der Erdtemperatur zur Klimatisierung oder Planung der Neubauten anhand von Gebäudesimulationen.

Partnerschaften in aller Welt

Mit ihren ökologisch und sozial angelegten Rohstoffpartnerschaften fördert die WALA das Thema Nachhaltigkeit auch in Ländern der Dritten Welt. Sheabutter zum Beispiel bezieht das Unternehmen aus einem biologisch zertifizierten Sammelgebiet in Burkina Faso, das Öl der Damaszener Rosen unter anderem aus Afghanistan, wo in Kooperation mit der Welthungerhilfe für rund 700 biologisch wirtschaftenden Bauern eine Alternative zum Opiumanbau entstanden ist.

Auszeichnungen und Zertifikate

- zertifiziertes Umweltmanagementsystem nach DIN EN ISO 14001
- Gemeinschaftssystem für Umweltmanagement EMAS III

- Auszeichnung als „Fahrradfreundlicher Betrieb“ durch den Allgemeinen Deutschen Fahrradclub (ADFC)
- 1. Platz „Fahrradfreundlichster Arbeitgeber Deutschlands“ 2011 bei B.A.U.M.
- 2002 Auszeichnung mit dem Umweltpreis des Landes Baden-Württemberg
- Auszeichnung als „Umweltfreundlichstes Büro Deutschlands“ 2013 durch B.A.U.M.
- Arbeitsschutzmanagementsystem mit dem Gütesiegel „Sicher mit System“ BG RCI

Quellen und Weiterführende Informationen

- Umwelterklärung 2018 https://www.wala.de/pdf/WALA-Umwelterklaerung-2018.pdf
- Literaturverzeichnis [160 und 167]

VAUDE Sport GmbH & Co. KG
VAUDE-Straße 2
88069 Tettnang
Tel. +49 (0)7542 / 53 06 – 0
info@vaude.com
www.vaude.com

Branche: Outdoor- und Sportartikel
Beschäftigte: 542 (31.12.2017)
Umsatz: 100 Mio. € (2017)

Interviewpartner:
Dr. oec. Antje von Dewitz;
Dissertation zu „Die Gestaltung eines leistungsstarken Arbeitsverhältnisses durch Talent Relationship Management"
Seit 2009 führt die vierfache Mutter das Familienunternehmen. Mehr zur Person bei: [168]

Nachhaltigster Outdoor-Ausrüster Europas aus Oberschwaben
[fau'de:] – das steht für die Initialen des Firmengründers, Albrecht von Dewitz, der VAUDE 1974 in einem alten „Hopfensstadel" gegründet hat. Das Unternehmen befindet sich in zweiter Generation zu 100 Prozent in Familienbesitz der Familie von Dewitz. Die VAUDE Sport GmbH & Co. KG entwickelt, produziert und vertreibt Outdoor-Ausrüstung der Marke VAUDE: funktionelle Bekleidung für draußen, Rucksäcke und Taschen, Schlafsäcke, Zelte, Schuhe, Campingzubehör. VAUDE steht mit seinen Produkten für Bergsportkompetenz, Innovation und den verantwortungsvollen Umgang mit Mensch und Natur. Wir haben uns auf den Weg

gemacht, Europas nachhaltigster Outdoor-Ausrüster zu werden. Und das nicht nur gefühlt, sondern für jedermann nachvollziehbar.

VAUDE als Vorreiter für Nachhaltigkeit

Ökologische und soziale Aspekte haben bei VAUDE schon seit jeher eine Rolle gespielt. Vor einigen Jahren haben wir uns entschlossen, ein durch und durch nachhaltiges Unternehmen zu werden. Inzwischen engagieren sich heute viele Wettbewerber in der Outdoor-Branche beim Thema Nachhaltigkeit. Wir freuen uns, dass VAUDE dabei als Vorreiter gilt.

- Unser Ansatz ist ganzheitlich und hochintegriert: es gibt keinen Bereich, keine Entscheidung im Unternehmen, die nicht im Zusammenhang mit Nachhaltigkeit steht.

Wir wenden in allen Nachhaltigkeitsthemen die strengsten vorhandenen Standards an oder definieren eigene, noch strengere Richtlinien, z.B. als bluesign®-Systempartner oder auch bei unserem Green Shape Bewertungssystem.

Gemeinwohl-Ökonomie

Vaude ist Mitglied und eines der ersten und größten Pionierunternehmen der von Christian Felber entwickelten Gemeinwohlökonomie, das eine extern auditierte Gemeinwohl-Bilanz veröffentlicht.

Auszeichnungen und Preise:

- Green Tec Award 2016
- Deutscher Nachhaltigkeitspreis: Deutschlands Nachhaltigste Marke 2015
- Green Controlling Preis 2015, der Peter-Horvath-Stiftung
- Boldness in Businnes Award 2015, Nominiert in der Kategorie CSR
- DAV Panorama Award

- Nominierung für den CSR Preis der Bundesregierung 2013
- Deloitte – Axia Award 2015 nachhaltige Unternehmensstrategie

Quellen und Weiterführende Informationen

- Nachhaltigkeitsbericht 2017
  http://nachhaltigkeitsbericht.vaude.com
- Literaturverzeichnis [160 und 169]

7.3 Autoren der Entwicklungsperspektive des menschlichen Bewusstseins

Liste von Autoren, die zur Entwicklungsperspektive der integralen Philosophie beigetragen haben nach Brunnhuber, 2016, S. 36.

- Commoner, Bary (1990): Making Peace with the Planet. New York. Pantheon.
- Coomaraswamy, Ananda Kentish (1977): Selected paper, hrsg. von Roger Lipsey. 3.Bde. Princeton University Press.
- Lovejoy, Arthur O. (1936): The Great Chain of Being. A Study of the History of an Idea. Cambridge MA: Harvard University Press.
- Baldwin, James Mark (1902): Development and Evolution. New York: Macmillan.
- Erikson, Erik H. (1992): Der vollständige Lebenszyklus. Frankfurt a. M. 1992: Suhrkamp.
- Gilligan, Carol: (1984): Die andere Stimme. Lebenskonflikte und Moral der Frau. München, Piper.
- Kohlberg, Lawrence (1984/1996): The Psychology of Moral Development. The Nature and Validity of Moral Stages. New York: Harber & Row 1984 (dt.: Die Psychologie der Moralentwicklung. Frankfurt a.M.: Suhrkamp 1996).
- Loevinger, Jane (1976): Ego development. Conceptions and theories. San Franciso: Jossey-Bass.
- Piaget, Jean (1977): The essential Piaget. New York. Basic Books.
- Kernberg, Otto (2005): Narzissmus, Aggression und Selbstzerstörung: Fortschritte in der Diagnose und Behandlung schwerer Persönlichkeitsstörungen. Stuttgart: Klett-Cotta
- Freud, Sigmund (1984):Das Ich und das Es (Gesammelte Werke, Bd. 9). Frankfurt a. M.: S.Fischer
- Maslow, Abraham H (1954/1970): Motivation and Personality. New York: Harper & Row (1. Auflage 1954, 2. Überarbeitete Auflage 1970)
- Wilber, Ken (2000): Integral Psychology. Boston: Shambhala

7.4 Den Kahn am Ufer vertäuen

Bahro schreibt in seiner *Logik der Rettung* folgendes:

> Stellen Sie sich vor, dass Milliarden von Ameisen in einem Schiffchen aus einem Bambusblatt auf einen Wasserfall zutreiben – ohne es auch nur zu bemerken. Es scheint, sie wissen sogar nicht einmal, dass sie in einem Schiffchen fahren. Diese, die zusammenwirken müssten – hätten sie ihre Lage erkannt –, stehen sich im Gegenteil in Hass, Tücke und Habgier gegenüber, sind besessen von Intrigen und Streitigkeiten. Obwohl es doch für alle – ob Freund oder Feind – den Untergang bedeutet, sobald das Schiffchen den Wasserfall erreicht und hinunterstürzt …
>
> Jetzt fürchten Sie den Krieg und sind in Sorge über die Verwendung der Nuklearenergie. Wirklich, beide Probleme sind ernst. Aber sind Sie sich im Klaren darüber, dass es für uns noch weit dringlichere Probleme gibt? Dass die ruhigen Zeiten, in denen man es sich leisten konnte, über etwas wie die Kriegsgefahr in Aufregung zu sein, bereits der Vergangenheit angehören … Kriegsgefahr und Nuklearenergie sind solche Probleme, „die nur die Ameisen untereinander angehen, d.h. Probleme nur auf dem Schiffchen"; sie sind unabhängig von der Hauptproblematik, „dass nämlich das Schiffchen, das die Ameisen trägt – sei es nun im Krieg oder im Frieden – unbeirrt weiter auf den Wasserfall zutreibt." In der Tat, es ist kaum möglich, aber auch angenommen, es käme in der Welt zu einem kriegslosen Zustand, so geht doch die gesamte Menschheit Tag um Tag mit Gewissheit auf den Untergang zu … Wichtig ist, den „Kahn am Ufer zu vertäuen". Mit dem Ufer ist die ewig unveränderliche „kosmische Ordnung" gemeint (von der wir uns entfernt haben müssen, sonst trieben wir nicht auf dem Kahn dem Wasserfalle zu – R.B.) … Diese „kosmische Ordnung" genau erkennen (Vor allem als ein Lebenssystem, an das wir gebunden, dem wir nicht überlegen sind und über das wir uns nicht hinwegsetzen können – R.B.) und das Leben danach ausrichten, bedeutet, „den Kahn am Ufer zu vertäuen"; das Leben ohne Abweichung von der „kosmischen Ordnung" zu führen, als größter und wichtigster Vorsatz, wurde, abgesehen von wenigen Ausnahmen, in der Politik der Welt bis heute nicht verwirklicht.

> Sofern man nicht den Ausgangspunkt in diese vorrangige Aufgabe legend dem Kurs des menschlichen Lebens eine große Richtungsänderung gibt, wird auch künftig, welche Kräfte man auch aufbieten mag, doch nur das „Hinabstürzen in den Wasserfall" beschleunigt … „Oberflächlich" bedeutet das Streben nach Wohlergehen für die Menschheit allein, „wahr" bedeutet die gemeinsame Existenz und das Gedeihen der Schöpfung insgesamt zur Grundlage zu machen … Selbstverständlich ist die bisherige „oberflächliche Politik" auch erforderlich, sie muss aber unbedingt ausgerichtet nach der „wahren Politik" gehandhabt werden. Gerade die Realisierung der „wahren Politik", die der „oberflächlichen Politik" den Weg weist, stellt für die heute an der Schwelle zum Abgrund stehende Menschheit das Grundprinzip zur Wiedergeburt dar. [45]

In diesem Abschnitt zitiert Rudolf Bahro das Gleichnis „Moor the Boat" der buddhistischen Philosophin Ryoju Kikuchi (auch bekannt als Tamo Samma bzw. Tamo-San, * 1908, † 2001):

> „Moor The Boat is a text taken from a talk that Tamo-San gave of her vision that she was given as a young lady of twenty-one, when she was meditating on the Om symbol in the temple in Japan, and she said that luminescence, the spirit, living spirit of the Universe came through, and engulfed her, and she was just taken, for two weeks, into this exploratory understanding of the Kosmos and how it works." [170]

Literatur

1. Aristoteles. Nikomachische Ethik: Felix Meiner Verlag; 1911 [Stand: 28.03.2017]. Verfügbar unter: http://gutenberg.spiegel.de/buch/nikomachische-ethik-2361/1.
2. Gauer, Wolf. Sumak Kawsay. Ossietzky – Zweiwochenschrift für Politik / Kultur / Wirtschaft. 2008; (20). Verfügbar unter: http://www.ossietzky.net/20-2008&textfile=353.
3. Pfriem, Reinhard. Zum Schluss: Rede zur Abschiedsveranstaltung des Lehrstuhls für Allgemeine Betriebswirtschaftslehre, Unternehmensführung und Betriebliche Umweltpolitik (LAUB). BIS-Saal; 2017.
4. Hölderlin, Friedrich. Exzentrische Bahnen: Ein Hölderlin-Brevier. Orig.-Ausg. München: Dt. Taschenbuch-Verl.; 1993. (dtv dtv-Klassik Literatur, Philosophie, Wissenschaft; Bd. 2313).
5. BÖLW. Die Bio-Branche 2017: Zahlen – Daten – Fakten; 2017 [Stand: 29.05.2017]. Verfügbar unter: http://www.boelw.de/fileadmin/pics/Bio_Fach_2017/ZDF_2017_Web.pdf.
6. Heisterkamp, Jens. Kapital = Geist: Pioniere der Nachhaltigkeit: Anthroposophie in Unternehmen ; zwölf Porträts. Frankfurt am Main: Info3-Verlagsgesellschaft; 2009.
7. Scharmer, C. Otto; Käufer, Katrin. Von der Zukunft her führen: Von der Egosystem- zur Ökosystem-Wirtschaft ; Theorie U in der Praxis. 1. Aufl. Heidelberg: Carl-Auer; 2014. (Management Organisationsberatung).
8. Crutzen, Paul J. Geology of mankind. Nature 2002; 415(6867):23.
9. WWF. Living planet report 2016: Risk and resilience in a new era. Gland, Switzerland: WWF International; 2016.
10. Oxfam International. An Economy for the 99%: It's time to build a human economy that benefits everyone, not just the privileged few. Oxford: Oxfam; 2017 [Stand: 31.05.2017]. Verfügbar unter: https://www.oxfam.de/system/files/sperrfrist_20170116-0101_economy-99-percent_report.pdf.
11. UNDP. Human development report 2015: Work for human development. New York, NY: United Nations Development Programme; 2015. (Human development report; Bd. 2015). Verfügbar unter: http://hdr.undp.org/sites/default/files/2015_human_development_report_1.pdf.
12. Pfriem, Reinhard. Heranführung an die Betriebswirtschaftslehre. 3., überarbeitete und erweiterte Auflage. Marburg: Metropolis-Verlag; 2011. (Grundlagen der WirtschaftswissenschaftBand 11).
13. Antoni-Komar, Irene; Pfriem, Reinhard. Räume schaffen, Bedingungen und Kontexte organisieren – Kulturelle Kompetenzen als Erweiterung des Resource- und Competence-based View im nachhaltigkeitsorientierten Management. Die Unternehmung 2013; 67(2):109–23. doi: 10.5771/0042-059X-2013-2-109.
14. BKK Dachverband. Gesundheit in Regionen – Blickpunkt Psyche: BKK Gesundheitsatlas 2015. Berlin: Medizinisch Wissenschaftliche Verlagsgesellschaft; 2015.
15. WHO. Monitoring health for the SDGs: Sustainable development goals. Geneva: World Health Organization; 2016. (World health statistics; Bd. 2016).

16. Piechocki, Reinhard. Landschaft, Heimat, Wildnis: Schutz der Natur – aber welcher und warum? Orig.-Ausg. München: Beck; 2010. (Beck'sche Reihe; Bd. 1711).
17. WCED. Our common future: Report of the world commission on environment and development; 1987 [Stand: 28.03.2017]. Verfügbar unter: http://www.un-documents.net/our-common-future.pdf.
18. WBGU. Welt im Wandel: Gesellschaftsvertrag für eine große Transformation [Hauptgutachten]. 2. veränderte Auflage. Berlin; 2011.
19. Rockström, Johan; Steffen, Will; Noone, Kevin; Persson, Åsa; Chapin, F. Stuart; Lambin, Eric F.; Lenton, Timothy M.; Scheffer, Marten; Folke, Carl; Schellnhuber, Hans Joachim. A safe operating space for humanity. Nature 2009; 461(7263):472–5.
20. Polanyi, Karl. The great transformation: Politische und ökonomische Ursprünge von Gesellschaften und Wirtschaftssystemen. 12. Auflage, Lizenzausgabe. Berlin: Suhrkamp Taschenbuch Verlag; 1944/2015. (Suhrkamp-Taschenbuch Wissenschaft; Bd. 260).
21. Pfriem, Reinhard; Antoni-Komar, Irene; Lautermann, Christian. Transformative Unternehmen: Veränderung gesellschaftlichen Wirtschaftens. Ökologisches Wirtschaften 2015; (3):18–20.
22. Göpel, Maja. The great mindshift: How a new economic paradigm and sustainability transformations go hand in hand. Cham: Springer Open; 2016. (The AnthropoceneVolume 2) [Stand: 15.02.2017].
23. Paech, Niko. Befreiung vom Überfluss: Auf dem Weg in die Postwachstumsökonomie. 9. Auflage. München: oekom Verlag; 2016.
24. Schneidewind, Uwe. Der Beitrag von Unternehmen zur großen Transformation. In: Hahn Rüdiger, Hrsg. Die gesellschaftliche Verantwortung des Unternehmens: Hintergründe, Schwerpunkte und Zukunftsperspektiven ; Festschrift für Professor Dr. Gerd Rainer Wagner. Stuttgart: Schäffer-Poeschel; 2012. S. 497–528.
25. Santarius, Tilman. Der Rebound-Effekt: Ökonomische, psychische und soziale Herausforderungen für die Entkopplung von Wirtschaftswachstum und Energieverbrauch. Marburg: Metropolis-Verlag; 2015. („Wirtschaftswissenschaftliche Nachhaltigkeitsforschung" Band 18).
26. Brunnhuber, Stefan. Die Kunst der Transformation. Oldenburg; 2016. (Ringvorlesung Postwachstumsökonomie).
27. Brunnhuber, Stefan. Die Kunst der Transformation: Wie wir lernen, die Welt zu verändern. Freiburg, Basel, Wien: Herder; 2016.
28. Schumpeter, Joseph A.; Seifert, Eberhard K. Kapitalismus, Sozialismus und Demokratie. 8., unveränderte Auflage. Stuttgart: A. Francke, UTB; 2005. (UTB für Wissenschaft Uni-Taschenbücher Politische Wissenschaft, Soziologie; Bd. 172).
29. Häfner, Gerald. Great again? Gedanken zur Weltlage. Goetheanum – Wochenschrift für Anthroposophie 2016; (6):6–11.
30. Busch-Lüty, Christiane; Dürr, Hans-Peter. Ökonomie und Natur: Versuch einer Annäherung im interdisziplinären Dialog: 1. Plenumssitzung: Ökologische Herausforderungen an Wirtschaftswissenschaft und Wirtschaftspolitik [Vortrag von Christiane Busch-Lüty und Hans-Peter Dürr, mit einem Vorwort von Hans Christoph Binswanger]. In: König Heinz, Hrsg. Umweltverträgliches Wirtschaften als Problem von Wissenschaft und Politik: Jahrestagung des Vereins für Socialpolitik, Gesellschaft für Wirtschafts- und Sozialwissenschaften in Oldenburg vom 30. September – 2. Oktober 1992. Berlin: Duncker & Humblot; 1993. S. 11–44 (Jahrestagung des Vereins für Socialpolitik, Gesellschaft für Wirtschafts- und Sozialwissenschaften; vol. 1992). Verfügbar unter: http://www.voeoe.de/wp-

content/uploads/2015/02/Busch-Luety_Duerr_1992_Oekonomie-und-Natur_VfS.pdf.
31. Pfriem, Reinhard; Antoni-Komar; Lautermann, Christian. Forschungswerkstatt Nachhaltigkeit: Nascent – Neue Chancen für eine nachhaltige Ernährungswirtschaft durch transformative Wirtschaftsformen [Projektskizze zur Forschungswerktstatt Nachhaltigkeit]. Oldenburg; 2016.
32. Antoni-Komar, I.; Baier, A.; Kropp, C.; Lenz, C.; Müller, C.; Paech, N.; Pfriem, R.; Sperling, C.; Stinner, S. Transformation, Transformationspfade und Transformationsstrategien: Thesenartiger Diskussionsanstoß für den nascent-Praxispartnerworkshop am 4. und 5. Juli 2016 in Kassel [Unveröffentlichtes Dokument]; 2016 [Stand: 04.10.2016].
33. Funk Rainer, Hrsg. Erich Fromm: Die Kunst des Lebens: Zwischen Haben und Sein. Freiburg im Breisgau: Verlag Herder; 1993.
34. Fromm, Erich. Haben oder Sein: Die seelischen Grundlagen einer neuen Gesellschaft. Stuttgart: Deutsche Verlags-Anstalt; 1976.
35. Fromm, Erich. Die Furcht vor der Freiheit. Ungekürzte Ausg., 4. Aufl., 28. – 33. Tsd. München: Dt. Taschenbuch-Verlag; 1994. (Dtv Dialog und Praxis; Bd. 35024).
36. Brenkert, George G. Innovation, rule breaking and the ethics of entrepreneurship. Journal of Business Venturing 2009; 24(5):448–64. doi: 10.1016/j.jbusvent.2008.04.004.
37. Pfriem, Reinhard. Vom Sollen zum können Wollen. Auf dem Wege zu einer kulturalistischen Unternehmensethik und Unternehmenstheorie. In: Pfriem Reinhard, Hrsg. Eine neue Theorie der Unternehmung für eine neue Gesellschaft. Marburg: Metropolis-Verlag; 2011. S. 273–98 (Theorie der Unternehmung; vol. 52).
38. Giddens, Anthony. Die Konstitution der Gesellschaft. Frankfurt/New York 1988; 3.
39. Grin, John; Rotmans, Jan; Schot, Johan; Geels, Frank. Transitions to sustainable development: New directions in the study of long term transformative change. New York, NY: Routledge; 2010. (Routledge studies in sustainability transitions; Bd. 1).
40. Duden. Wörterbuch: Onlineausgabe: Bibliographisches Institut GmbH; 2017 [Stand: 31.05.2017]. Verfügbar unter: http://www.duden.de/.
41. Ray, Paul H.; Anderson, Sherry Ruth. The cultural creatives: How 50 million people are changing the world. New York, NY: Three rivers press; 2000.
42. Heimrath, Johannes. Auf in die Post-Kollaps-Gesellschaft. OYA-Magazin. anders denken. anders leben. 2010; (2) [Stand: 31.05.2017]. Verfügbar unter: http://www.oya-online.de/article/read/65.html.
43. Brockhaus-Enzyklopädie. Gründung. In: F.A. Brockhaus, Hrsg. Brockhaus-Enzyklopädie. 19., völlig neu bearb. Aufl. Mannheim: Brockhaus; 1999.
44. Nietzsche, Frierich. Götzendämmerung: Sprüche – und Pfeile – 26 [Stand: 23.10.2016]. Verfügbar unter: http://gutenberg.spiegel.de/buch/6185/3.
45. Bahro, Rudolf. Logik der Rettung: Wer kann die Apokalypse aufhalten?; Ein Versuch über die Grundlagen ökologischer Politik. Studienausg., 1. Aufl. Stuttgart: Ed. Weitbrecht; 1987.
46. Thompson, E. P. Protest and Survive: Pamphlet from the Campaign for Nuclear Disarmament: History and Public Policy Program Digital Archive; 1980. Verfügbar unter: http://digitalarchive.wilsoncenter.org/document/113758.
47. Davenport, Kelsey; Reif, Kingston. Nuclear Weapons: Who Has What at a Glance: Arms Control Association; 2017 [Stand: 31.05.2017]. Verfügbar unter: https://www.armscontrol.org/factsheets/Nuclearweaponswhohaswhat.

48. Sinclaire, Janice. Bulletin of Atomic Scientists moves the Clock ahead: It is two and a half minutes to midnight; 2017 [Stand: 31.05.2017]. Verfügbar unter: http://thebulletin.org/press-release/board-moves-clock-ahead10433.
49. Mumford, Lewis. Mythos der Maschine: Kultur, Technik und Macht. The myth of the machine <dt.>: Wien : Europa-Verl.; 1974.
50. Schäfer, Martina; Jaeger-Erben, Melanie; Bamberg, Sebastian. Life Events as Windows of Opportunity for Changing Towards Sustainable Consumption Patterns? J Consum Policy 2012; 35(1):65–84. doi: 10.1007/s10603-011-9181-6.
51. Nentwig, Wolfgang; Bacher, Sven; Brandl, Roland. Ökologie kompakt. 3. Auflage. Heidelberg: Spektrum Akademischer Verlag; 2012. (Bachelor).
52. Friedman, Milton. Capitalism and Freedom: Fortieth Anniversary Edition. Chicago: University of Chicago Press; 2009.
53. Meadows, Donella H.; Meadows, Dennis L.; Randers, Jorgen; Behrens, William W., III. The limits to growth: A report for the Club of Rome's Project on the Predicament of Mankind. New York: Universe Books; 1972.
54. Meadows, Donella H.; Wright, Diana. Thinking in systems: A primer. [Nachdr.]. White River Junction, Vt: Chelsea Green Pub; 2011.
55. Bleicher, Knut. Normatives Management: Politik, Verfassung und Philosophie des Unternehmens. Frankfurt: Campus-Verlag; 1994. (St. Galler Management-Konzept; Bd. 5).
56. Mersmann, Florian; Olsen, Karen Holm; Wehnert, Timon; Boodoo, Zyaad. Understanding transformational change in NAMAs: From theory to practice. Wuppertal; 2014 [Stand: 08.11.2016].
57. Smith, Adam. Untersuchung über das Wesen und die Ursachen des Volkswohlstandes: Der Wohlstand der Nationen. 1. Aufl. Frankfurt, M., Affoltern a.A.: Zweitausendeins; Buch 2000; 2009.
58. Taylor, Frederick Winslow. The Taylor and other systems of shop management.: Hearings before Special committee of the House of representatives to investigate the Taylor and other systems of shop management under authority of House Resolution 90; Oct. 4, 1911-Feb. 12, 1912: United States of America, Resolution House; 1912. Verfügbar unter: https://catalog.hathitrust.org/Record/002007191.
59. Dubs, Rolf. Normatives Management: Ein Beitrag zu einer nachhaltigen Unternehmensführung und -aufsicht. 3., umfassend überarbeitete Auflage. Bern: Haupt Verlag; 2015. (VR- und GL-Praxis).
60. Sandel, Michael J. Wie Märkte Moral verdrängen. In: Sandel Michael J., Reuter Helmut, Hrsg. Was man für Geld nicht kaufen kann: Die moralischen Grenzen des Marktes. 3. Aufl. Berlin: Ullstein; 2012. S. 117–62.
61. Graupe, Silja. Die verborgenen Quellen des Marktgehorsams – und wie wir sie verändern lernen. Vierteljahresschrift zur wissenschaftlichen Pädagogik 2012; (4):1–20. Verfügbar unter: http://www.silja-graupe.de/wp-content/uploads/2013/03/silja_graupe_verborgene_quellen_marktgehorsam_2013.pdf.
62. Graupe, Silja. Ökonomische Bildung: Die geistige Monokultur der Wirtschaftswissenschaften und ihre Alternativen. Coincidentia. Zeitschrift für europäische Geistesgeschichte. Beiheft 2013; 2:139–65.
63. Graupe, Silja. Hinein ins volle Menschenleben. Böll.Thema 2014; (1):3–5 [Stand: 20.03.2017]. Verfügbar unter: https://www.boell.de/sites/default/files/boell-thema_1_2014_v08_kommentierbar.pdf.
64. Graupe, Silja. Verantwortungsbewusstes Unternehmertum und die Aufgaben der Bildung: Das Beispiel der Cusanus Hochschule. Coincidentia. Zeitschrift für europäische Geistesgeschichte. Beiheft; (5):225–35.

65. Brodbeck, Karl-Heinz. Die fragwürdigen Grundlagen der Ökonomie: Eine philosophische Kritik der modernen Wirtschaftswissenschaften. 4., durchgesehene und um ein aktuelles Vorwort ergänzte Aufl. Darmstadt: WBG Wiss. Buchgesellschaft; 2009.
66. Soros, George. Soros sieht schlimmste Krise seit 60 Jahren. Die Welt / N24 Online 25.01.2008. Verfügbar unter: https://www.welt.de/wirtschaft/article1591321/Soros-sieht-schlimmste-Krise-seit-60-Jahren.html.
67. Soros, George. Die Krise des globalen Kapitalismus: Offene Gesellschaft in Gefahr. Lizenzausg. Frankfurt am Main: Berlin : Fest; Fischer-Taschenbuch-Verlag; 2000. (Fischer; Bd. 14736).
68. Kohr, Leopold. Die überentwickelten Nationen. Salzburg: Müller; 2003. Werkausgabe Hrsg. vom Wissenschaftlichen Beirat der Leopold-Kohr-Akademie (Salzburg – Neuenkirchen) Reinhold Wagnleitner (Leitung).
69. Dürr, Hans-Peter. Warum es ums Ganze geht: Neues Denken in einer Welt im Umbruch. Frankfurt am Main; 2012. (Vortrag im Rahmen des Physikalischen Kolloquiums). Verfügbar unter: https://electure-ms.studiumdigitale.uni-frankfurt.de/vod/clips/jYeV3f5c6e/flash.html.
70. Pfriem Reinhard, Hrsg. Eine neue Theorie der Unternehmung für eine neue Gesellschaft. Marburg: Metropolis-Verlag; 2011. (Theorie der Unternehmung; Bd. 52).
71. Bundesdeutscher Arbeitskreis für Umweltbewusstes Management. Pioniere der Nachhaltigkeit: 20 Jahre B.A.U.M.-Umweltpreis. München: oekom; 2013.
72. Singh, Khushwant. An Einsichten mangelt es nicht: Spirituelle Weisheit als Inspiration zur Verhaltensänderung. In: Oekom e.V., Hrsg. Religion & Spiritualität: Ressourcen für die Große Transformation? München: oekom Verlag; 2016. S. 34–40 (Politische Ökologie; vol. 147).
73. Heimrath, Johannes. Die Post-Kollaps-Gesellschaft: Wie wir mit viel weniger viel besser leben werden – und wie wir uns heute schon darauf vorbereiten können. München: Scorpio; 2012.
74. Streich, Jürgen. Vorbilder: Menschen und Projekte, die hoffen lassen; Der Alternative Nobelpreis. 1. Aufl. Bielefeld: Kamphausen; 2005.
75. Scholl, Gerd; Mewes, Heike. Unternehmen als Mitgestalter sozial-ökologischer Transformation: Thesen des Instituts für ökologische Wirtschaftsforschung (IÖW). ÖW 2015; 30(3):15. doi: 10.14512/OEW300315.
76. Schwaninger, Markus. Intelligent Organizations: Powerful Models for Systemic Management. Berlin, Heidelberg: Springer Berlin Heidelberg; 2009.
77. Pfriem, Reinhard. Strukturwandel und die Generierung von Zukunftsmärkten als neue Wettbewerbsebene. In: Fichter Klaus, Paech Niko, Pfriem Reinhard, Hrsg. Nachhaltige Zukunftsmärkte: Orientierungen für unternehmerische Innovationsprozesse im 21. Jahrhundert. Marburg: Metropolis-Verlag; 2005. S. 27–55 (Theorie der Unternehmung / herausgegeben von Reinhard Pfriem; Band 29).
78. Kohr, Leopold. Das Ende der Großen – Zurück zum menschlichen Maß. 2. Aufl. Salzburg: Müller; 2002. Werkausgabe/ Leopold Kohr. Hrsg. vom Wissenschaftlichen Beirat der Leopold-Kohr-Akademie (Salzburg – Neuenkirchen) Reinhold Wagnleitner (Leitung).
79. Graupe, Silja. Zusammenfassung der Kernthesen der Ökonomisch-Philosophischen Herbstakademie. Alfter; 2012 [Stand: 31.05.2017]. Verfügbar unter: http://archiv.nrw-denkt-nachhaltig.de/blog/?p=5393.
80. Schiller, Friedrich. Wallensteins Tod; 1799 [Stand: 06.06.2017]. Verfügbar unter: http://www.friedrich-schiller-archiv.de/zitate-schiller/es-ist-der-geist-der-sich-den-koerper-baut/.

81. Mellerowicz, Konrad. Unternehmenspolitik: Band 1: Grundlagen. 3. Aufl. Freiburg im Breisgau: Rudolf Haufe Verlag; 1976.
82. Braukmann, Ulrich; Bijedic, Teita; Schneider, Daniel. „Unternehmerische Persönlichkeit“: Eine theoretische Rekonstruktion und nominaldefinitorische Konturierung [Working Paper]. Schumpeter Discussion Papers 2008; (3) [Stand: 14.05.2017]. Verfügbar unter: https://www.econstor.eu/bitstream/10419/68688/1/ 600251462.pdf.
83. Rüegg-Stürm, Johannes; Grand, Simon. Das St. Galler Management-Modell: 4. Generation – Einführung. 1. Aufl. Bern: Haupt; 2014.
84. Magyar, K. Visionen schaffen neue Qualitätsdimensionen. Thexis 1989; 6 (1989): 3–7.
85. Scharmer, Claus Otto. Theorie U – von der Zukunft her führen: Presencing als soziale Technik. 1. Aufl. Heidelberg: Carl-Auer-Systeme; 2009. (Management).
86. Laloux, Frederic. Reinventing organizations: Ein Leitfaden zur Gestaltung sinnstiftender Formen der Zusammenarbeit. 1. Auflage. München: Verlag Franz Vahlen; 2015.
87. Hamel, Gary; Breen, Bill; Gebauer, Stephan. Das Ende des Managements: Unternehmensführung im 21. Jahrhundert. Berlin: Econ-Verl.; 2007.
88. Ulrich Hans, Hrsg. Management-Philosophie für die Zukunft: Gesellschaftlicher Wertewandel als Herausforderung an das Management. Bern: Haupt; 1981. (Schriftenreihe Führung und Organisation der Unternehmung; Bd. 35).
89. Ulrich, Hans. Management. Bern: Haupt; 1984. (Schriftenreihe Unternehmung und Unternehmungsführung; Bd. 13).
90. Bleicher, Knut. Das Konzept integriertes Management. Frankfurt: Campus-Verl.; 1991. (St. Galler Management-Konzept).
91. Schwegler, Regina. Moralisches Handeln von Unternehmen: Eine Weiterentwicklung des neuen St. Galler Management-Modells und der Ökonomischen Ethik [Zugl.: Aachen, RWTA Techn. Hochsch., Diss. 2007]. 1. Aufl. Wiesbaden: Gabler Verlag / GWV Fachverlage GmbH Wiesbaden; 2009. (Gabler Edition Wissenschaft).
92. Ulrich, Hans. Die Bedeutung der Management-Philosophie für die Unternehmensführung. In: Ulrich Hans, Hrsg. Management-Philosophie für die Zukunft: Gesellschaftlicher Wertewandel als Herausforderung an das Management. Bern: Haupt; 1981. S. 11–23 (Schriftenreihe Führung und Organisation der Unternehmung; vol. 35).
93. Schwaninger, Markus. A Concept of Organisational Fitness. In: Espejo Raúl, Schwaninger Markus, Hrsg. Organisational fitness: Corporate effectiveness through management cybernetics. Frankfurt: Campus-Verlag; 1993. S. 39–66.
94. Campbell, Andrew; Tawadey, Kiran. Mission and business philosophy: Winning employee commitment. Oxford: Heinemann; 1990.
95. Pfriem, Reinhard. Unternehmenspolitik in sozialökologischen Perspektiven [Zugl.: St. Gallen, Hochsch. für Wirtschafts-, Rechts- und Sozialwiss., Habil.-Schr., 1994]. Marburg: Metropolis-Verlag; 1995. (Theorie der Unternehmung; Bd. 1).
96. Schreyögg, Georg. Organisation: Grundlagen moderner Organisationsgestaltung; mit Fallstudien. Wiesbaden: Gabler; 1996. (Gabler-Lehrbuch).
97. Schein, Edgar H. Organizational culture and leadership. 4. ed. San Francisco, Calif.: Jossey-Bass; 2010. (The Jossey-Bass business & management series).
98. Galuska Joachim; Spiegel Peter, Hrsg. Die Kunst des Wirtschaftens. 1. Aufl. Bielefeld: Kamphausen; 2010. (Inspire!).

99. Mitzka Walther, Hrsg. Trübners deutsches Wörterbuch: Band 8. Berlin: de Gruyter; 1957. (Trübners deutsches Wörterbuch; Bd. 8).
100. Schmidt H.; Schischkoff G., Hrsg. Philosophisches Wörterbuch. Stuttgart: Kröner; 1951.
101. Müller, Roland. Weltanschauung und Weltbild: Begriffsklärungen und Beispiele: Müller Science; 2016 [Stand: 31.05.2017]. Verfügbar unter: http://www.muellerscience.com/SPEZIALITAETEN/Philosophie/Weltanschauung.htm.
102. Buhr M.; Klaus G., Hrsg. Philosophisches Wörterbuch: Band 2. 7. Aufl. Leipzig: VEB Bibliographisches Institut. (Bd. 2).
103. Aerts, Diederik; Apostel, Leo; Moor, Bart de et al. Worldviews: From Fragmentation towards Integration,; 1994. Verfügbar unter: http://www.vub.ac.be/CLEA/pub/books/worldviews.pdf.
104. Anthrowiki.at. Anthroposophie; 2017 [Stand: 06.06.2017]. Verfügbar unter: http://anthrowiki.at/Anthroposophie.
105. Gläser, Jochen; Laudel, Grit. Experteninterviews und qualitative Inhaltsanalyse als Instrumente rekonstruierender Untersuchungen. 4. Auflage. Wiesbaden: VS Verlag; 2010. (Lehrbuch).
106. Wolter, H.-J.; Hauser, H.-E. Die Bedeutung des Eigentümerunternehmens in Deutschland – Eine Auseinandersetzung mit der qualitativen und quantitativen Definition des Mittelstands [Auszug aus: „Jahrbuch zur Mittelstandsforschung 1/2001"]. Schriften zur Mittelstandsforschung 2001; (90):25–77 [Stand: 03.05.2017]. Verfügbar unter: http://www.ifm-bonn.org//uploads/tx_ifmstudies/90_nf_2.pdf.
107. Mayring, Philipp. Qualitative Inhaltsanalyse:: Grundlagen und Techniken. 11., aktualisierte und überarb. Aufl. Weinheim und Basel: Beltz; 2010. (Beltz Pädagogik 2010/02).
108. Steiner, Rudolf. Rudolf Steiner Gesamtausgabe, Schriften: Anthroposophische Leitsätze [Buch 26]; 1998 [Stand: 30.05.2017]. Verfügbar unter: http://fvn-archiv.net/PDF/GA/GA026.pdf.
109. Hoffmann, Esther; Dietsche, Christian; Westermann, Udo et al. NACHHALTIGKEITS-BERICHTERSTATTUNG IN DEUTSCHLAND: Ergebnisse und Trends im Ranking der Nachhaltigkeitsberichte 2015; 2016. Verfügbar unter: http://www.ranking-nachhaltigkeitsberichte.de/data/ranking/user_upload/2015/Ranking_Nachhaltigkeitsberichte_2015_Ergebnisbericht_mit_Branchenauswertung.pdf.
110. Gabler Wirtschaftslexikon. Gabler Wirtschaftslexikon: Stichwort: harte und weiche Faktoren; 2008 [Stand: 31.05.2017]. Verfügbar unter: http://wirtschaftslexikon.gabler.de/Archiv/569792/harte-und-weiche-faktoren-v8.html.
111. Jensen, Annette. Wie wir leben werden: Rezension zu „Post-Kollaps-Gesellschaft". taz.de 28.01.2013. Verfügbar unter: http://www.taz.de/!5074417/.
112. Sachs, Wolfgang. Die vier E's: Merkposten für einen maßvollen Wirtschaftsstil. Politische Ökologie 1993; 11(33):69–72.
113. Sachs, Wolfgang. Suffizienz: Umrisse einer Ökonomie des Genug. uwf 2015; 23(1-2):3–9. doi: 10.1007/s00550-015-0350-y.
114. Bartel-Kratochvil, Ruth; Lindenthal, Thomas. Konventionalisierung oder Vielfalt: Wohin entwickelt sich der Biolandbau?: Beitrag des Instituts für Ökologischen Landbau, Department für Nachhaltige Agrarsysteme, Universität für Bodenkultur Wien. Bäuerliche Zukunft 2005; (Dezember). Verfügbar unter: http://orgprints.org/14932/1/2_Zukunft%C3%96LW__%C3%96BV_25102005.pdf.

115. Lindenthal Thomas; Bartel-Kratochvil Ruth; Darnhofer Ika; Zollitsch Werner, Hrsg. Konventionalisierung: Die Schattenseite des Biobooms. Linz: Bio Austria; 2008.
116. Cornforth, Christopher. Understanding and combating mission drift in social enterprises. Social Enterprise Journal 2014; 10(1):3–20. doi: 10.1108/SEJ-09-2013-0036.
117. Jones, Marshall B. The Multiple Sources of Mission Drift. Nonprofit and Voluntary Sector Quarterly 2007; 36(2):299–307. doi: 10.1177/0899764007300385.
118. Weisbrod, Burton A. The Pitfalls of Profits: Why nonprofits should get out of commercial ventures. Stanford Social Innovation Review; 2004; 2(3):40–7 [Stand: 19.05.2017]. Verfügbar unter: http://ssrn.com/abstract=1850719.
119. Merton, Robert K. The self-fulfilling prophecy. The Antioch Review 1948; 8:193–210.
120. Dil, Esma Anemon. Denken Sie sich froh!: Selbsthilfe. Süddeutsche Zeitung 22.05.2010 [Stand: 31.05.2017]. Verfügbar unter: http://www.sueddeutsche.de/leben/selbsthilfe-denken-sie-sich-froh-1.879620.
121. Kramke, Jürgen. Das Mysterium der Schöpfung: Grundlagen der geistigen und natürlichen Schöpfung. Norderstedt: Books on Demand; 2015.
122. Schneidewind, Uwe; Pfriem, Reinhard; Barth, Jonathan; Beschorner, Thomas; Binswanger, Mathias; Diefenbacher, Hans; Eisenack, Klaus; Elsen, Susanne; Goldschmidt, Nils; Graupe, Silja. Transformative Wirtschaftswissenschaft im Kontext nachhaltiger Entwicklung: für einen neuen Vertrag zwischen Wirtschaftswissenschaft und Gesellschaft. Ökologisches Wirtschaften 2016; (2):30–4. Verfügbar unter: http://oekologisches-wirtschaften.de/index.php/oew/article/download/1484/1455.
123. Bals, Christoph. Die wohlkalkulierte Provokation aus Rom: Die Enzyklika Laudato si'. S. 69.
124. Rehn Götz, Hrsg. Rudolf Steiner: Wirtschaft – Ideen zur Neugestaltung. 1. Aufl. Stuttgart: Verl. Freies Geistesleben; 2011. (Themen aus dem Gesamtwerk / Rudolf Steiner; Bd. 22).
125. Rehn, Götz. Wirtschaft neu denken: Zusammenarbeit neu gestalten 2016; (1). Verfügbar unter: https://www.alanus.edu/fileadmin/user_upload/Beitraege_zur_Sozialorganik_Vorwort.pdf.
126. Brockhaus-Enzyklopädie. Geist: Band 8. In: F.A. Brockhaus, Hrsg. Brockhaus-Enzyklopädie. 19., völlig neu bearb. Aufl. Mannheim: Brockhaus; 1999. S. 233.
127. McIntosh, Steve; Phipps, Carter; Debold, Elizabeth et al. Premises and Principles of the Evolutionary Worldview: Focusing on the Cultural Roots of America's Challenges; 2015. Verfügbar unter: http://www.culturalevolution.org/docs/ICE-Philosophy.pdf.
128. Gebser, Jean. Gesamtausgabe 02.: Ursprung und Gegenwart 1. 2. Aufl. Schaffhausen: Novalis-Verl.; 1999.
129. Wilber, Ken. A theory of everything: An integral vision for business, politics, science, and spirituality: Shambhala publications; 2000.
130. Wilber, Ken. Integral psychology: Consciousness, spirit, psychology, therapy. 1. pbk. ed., 13. print. Boston: Shambhala; 2008.
131. Collins, Jim. Level 5 Leadership:: The Triumph of Humility and Fierce Resolve. Harvard Business Review 2001; (Reprint R0101D):65–76 [Stand: 29.05.2017]. Verfügbar unter: https://coachready.com/_admin/images/material/162.pdf.
132. Rooke, David; Torbert, William R. Organizational transformation as a function of CEO's developmental stage. Organization Development Journal 1998; 16(1).

133. Weiss, D. S.; Zilberg, N. J.; Genevro, J. L. Psychometric properties of Loevinger's Sentence Completion Test in an adult psychiatric outpatient sample. J Pers Assess 1989; 53(3):478–86. doi: 10.1207/s15327752jpa5303_6.
134. Wicki, Beda; Längle, Alfried. Selbst-Transzendenz. In: Stumm Gerhard, Pritz Alfred, Hrsg. Wörterbuch der Psychotherapie. Vienna: Springer Vienna; 2000. S. 634 [Stand: 31.05.2017]. Verfügbar unter: http://dx.doi.org/10.1007/978-3-211-99131-2_1726.
135. Kuckartz, Udo; Rheingans-Heintze, Anke. Vom Umweltbewusstsein zum Nachhaltigkeitsbewusstsein? Konsequenzen für die Nachhaltigkeitskommunikation. In: Kuckartz Udo, Rheingans-Heintze Anke, Hrsg. Trends im Umweltbewusstsein: Umweltgerechtigkeit, Lebensqualität und persönliches Engagement. Wiesbaden: VS Verlag für Sozialwissenschaften; 2006. S. 71–4 Verfügbar unter: http://dx.doi.org/10.1007/978-3-531-90196-1_5.
136. Wenninger, Gerd. Sozialisationsphasen; 2000 [Stand: 31.05.2017]. Verfügbar unter: http://www.spektrum.de/lexikon/psychologie/sozialisationsphasen/14564.
137. Lewinski, Manfred von. Wie einsam bleibt der Mensch?: Grundlagen, Eigenarten und Grenzen menschlicher Kommunikation. 1. Aufl. Berlin: Pro Business; 2006.
138. Youth Future Project, Hrsg. Changing (Dis)Course: Thoughts about the future by young europeans. Neumünster: Youth Future Project e.V.; 2014.
139. Kohtes, Paul J. Von der Kunst des Managements zwischen Komödie und Tragödie. Rollenspiele im Business – und die Freiheit, die dahinterliegt. In: Galuska Joachim, Spiegel Peter, Hrsg. Die Kunst des Wirtschaftens. 1. Aufl. Bielefeld: Kamphausen; 2010 (Inspire!).
140. Brockhaus, Benjamin. Der tugendhafte Unternehmer als Gestalter ambivalenter kultureller Prozesse: Rekultivierung der Tugenden als Antwort auf die Menschheitskrisen [Hausarbeit]. Oldenburg: Universität Oldenburg; 2015.
141. Bollnow, Otto Friedrich. Wesen und Wandel der Tugenden. Frankfurt am Main: Ullstein; 1958. (Ullstein Buch Nr. 209).
142. Kracht, Thomas; Dietz, Karl-Martin. Dialogische Führung: Grundlagen – Praxis – Fallbeispiel: dm-drogerie markt. 3., 3. aktualisierte Aufl. Frankfurt am Main: Campus Verlag GmbH; 2011. (Business 2011).
143. Scharmer, Otto; Hub, Green. Seven acupuncture points for shifting capitalism to create a regenerative ecosystem economy. Oxford Leadership Journal 2010; 1(3):1–21. Verfügbar unter: http://www.ottoscharmer.com/sites/default/files/2009_SevenAcupuncturePoints.pdf.
144. Felber, Christian. Was uns die innere Stimme sagt: Spiritualität, Freiheit und Gemeinwohl. In: Oekom e.V., Hrsg. Religion & Spiritualität: Ressourcen für die Große Transformation? München: oekom Verlag; 2016. S. 118–23 (Politische Ökologie; vol. 147).
145. Stierle, Wolfram. Unterschützte Treiber der Transformation. In: Oekom e.V., Hrsg. Religion & Spiritualität: Ressourcen für die Große Transformation? München: oekom Verlag; 2016. S. 26–33 (Politische Ökologie; vol. 147).
146. Ott, Hermann; Sachs, Wolfgang. Letzte Zuflucht Glauben: Der Beitrag der Spiritualität zur Erhaltung einer lebenswerten Welt. In: Oekom e.V., Hrsg. Religion & Spiritualität: Ressourcen für die Große Transformation? München: oekom Verlag; 2016. S. 17–24 (Politische Ökologie; vol. 147). Verfügbar unter: https://www.oekom.de/fileadmin/zeitschriften/poe_leseproben/poe147_Leseprobe_ott_sachs.pdf.
147. Folkers, Manfred; Paech, Niko. Verantwortlich handeln statt kompensieren: Religion zwischen Ablass und integrer Lebenspraxis. In: Oekom e.V., Hrsg. Religion

& Spiritualität: Ressourcen für die Große Transformation? München: oekom Verlag; 2016. S. 112–7 (Politische Ökologie; vol. 147).
148. Galuska, Joachim. Wirtschaften mit Geist und Seele: Von der Exzellenz, Einzigartigkeit zu kultivieren. In: Galuska Joachim, Spiegel Peter, Hrsg. Die Kunst des Wirtschaftens. 1. Aufl. Bielefeld: Kamphausen; 2010. S. 121–33 (Inspire!).
149. Esbjörn Hargens, Sean; Wilber, Ken. Toward A Comprehensive Integration Of Science and Religion: A Post□metaphysical Approach 2009. doi: 10.1093/oxfordhb/9780199543656.003.0032.
150. Betz, Regina. Spiekerooger These 2016: These für die Spiekerooger Klimagespräche 2016: Spiekerooger Klimagespräche; 2016 [Stand: 29.05.2017]. Verfügbar unter: http://www.spiekerooger-klimagespraeche.de/node/238.
151. Lautermann, Christian; Pfriem, Reinhard. Es darf gewollt werden. Plädoyer für eine Renaissance der Tugendethik. KIeM – Working Paper 2006; (18):1–19 [Stand: 31.05.2017]. Verfügbar unter: https://www.econstor.eu/bitstream/10419/98774/1/789047934.pdf.
152. B.A.U.M. e.V. B.A.U.M.-Preisträger 1993 bis 2016: B.A.U.M.-Umweltpreis & Internationaler B.A.U.M.-Sonderpreis; 2016 [Stand: 20.03.2017]. Verfügbar unter: http://www.baumev.de/Auszeichnung.html.
153. BMAS. CSR-Preis: Über den Wettbewerb // Unterseiten Wettbewerb 2013, 2014, 2017; 2017. Verfügbar unter: http://www.csr-in-deutschland.de/DE/CSR-Preis/Ueber-den-Wettbewerb/ueber-den-wettbewerb.html.
154. Deutsches CSR-Forum. Die Finalisten des Deutschen CSR-Preises: Unterseiten zu den Finalisten 2015 und 2016; 2017. Verfügbar unter: http://www.csrforum.eu/F7/s4d-csrpreis.html.
155. Stiftung Deutscher Nachhaltigkeitspreis. Liste der Preisträger des Deutschen Nachhaltigkeitspreises: vgl. auch offizielle Website www.nachhaltigkeitspreis.de [Stand: 12.11.2016]. Verfügbar unter: https://de.wikipedia.org/wiki/Deutscher_Nachhaltigkeitspreis#Preisträger.
156. German Awards for Excellence. Preisträger; 2016. Verfügbar unter: http://ga-excellence.com/gewinner-2015/.
157. Sustainable Entrepreneurship Award. Gewinner SEA 2016: Sowie Unterseiten Gewinner SEA 2012, 2013, 2014, 2015, 2016; 2016. Verfügbar unter: http://www.se-award.org/de/content/winners-sea-2016.
158. ZEIT-WISSEN. Preis „Mut zur Nachhaltigkeit": Preisträger; 2016. Verfügbar unter: http://www.mut-zur-nachhaltigkeit.zeit.de/preisträger.
159. Netzwerk 21. ZeitzeicheN: Preisträger vergangener Jahre: GRÜNE LIGA Berlin e.V.; 2016. Verfügbar unter: https://www.netzwerk21kongress.de/zeitzeichen/de/15_preistraeger.asp.
160. B.A.U.M. Digitalisierung und Nachhaltigkeit: Jahrbuch B.A.U.M. e.V 2017. München: ALTOP Verlags und Vertriebsgesellschaft für umweltfreundliche Produkte; 2017.
161. Alnatura. Unser Beitrag für Mensch und Erde: Nachhaltigkeitsbericht 2015/16: Alnatura Produktions- und Handels GmbH; 2016 [Stand: 29.05.2017]. Verfügbar unter: https://www.alnatura.de/~/media/Files/05%20Ueber%20uns/Nachhaltigkeit/ALNATURA_Nachhaltigkeitsbericht_DS-2015-2016.pdf.
162. Ohnewald, Michael. Der etwas andere Banker: Thomas Jorberg: Von der Uni Hohenheim zu Deutschlands Ökobank Nr. 1; 2017 [Stand: 31.05.2017]. Verfügbar unter: http://campus.region-stuttgart.de/chapters/view/2/article:5.

163. GLS Bank. Nachhaltigkeitsbericht 2015; 2015. Verfügbar unter: https://www.gls.de/download/?file=8037&cHash=44be6616420a740ba83d795fe574c7da.
164. GLS Bank. Leitbild; 2014. Verfügbar unter: https://www.gls.de/media/pdf/Broschueren/GLS_Bank/gls_leitbild.pdf.
165. Walter, Maren; Osmers-Rentzsch, Henning; Kühn, Jan; Wiegmann, Manuela. Nachhaltigkeitsbericht Lebensbaum 2016. Diepholz; 2016. Verfügbar unter: http://nachhaltigkeit.lebensbaum.com/#/1.
166. Bilen, Stefanie. Johannes Stellmann: Chef der freien Menschen. Die Zeit 20.11.2008. Verfügbar unter: http://www.zeit.de/2008/48/P-Stellmann/komplettansicht.
167. Weiland, Stefan; Bay, Clarissa; Menze, Elisabeth. Umwelterklärung 2016: Umweltbilanzzahlen der Jahre 2012 bis 2015: WALA Heilmittel GmbH; 2016. Verfügbar unter: https://www.wala.de/service/pdf/WALA-Umwelterklaerung-2016.pdf.
168. Thiele, Christian. Die Frau fürs Grüne: Antje von Dewitz. Die Zeit 31.07.2014 [Stand: 16.03.2017]. Verfügbar unter: http://www.zeit.de/2014/32/antje-von-dewitz-vaude/komplettansicht.
169. VAUDE, Hrsg. Nachhaltigkeitsbericht 2015. Tettnang; 2015 [Stand: 31.05.2017]. Verfügbar unter: http://nachhaltigkeitsbericht.vaude.com.
170. Christian, John; Cole, Kath; Kikuchi, Shizuru. Moor the Boat: A Short Book About the Future of Humankind: Whole Life Whole World – Integral Wisdom Movement; 2009. Verfügbar unter: http://moortheboat.wholelifewholeworld.com.

Martina, Johannes
und Tobias Hartkemeyer
Dialogische Intelligenz
Aus dem Käfig des
Gedachten in den
Kosmos des gemein-
samen Denkens

Mit einem Vorwort von
Gerald Hüther
3. Auflage, Oktober 2018, 200
Seiten, Broschur, € 19,80
ISBN 978-3-95779-033-0

Den Anderen verstehen, eigene verengte Standpunkte überwinden und gemeinsam Neues denken – das ist die Perspektive, die durch Dialog möglich wird. Was den echten Dialog ausmacht und wie wir unsere eigene „Dialogische Intelligenz" wecken können, zeigt dieses praxisorientierte Buch.

Jens Heisterkamp (Hg.)
Kapital = Geist
Pioniere der Nachhaltigkeit – Anthroposophie in Unternehmen

1. Auflage 2009, 174 Seiten, Broschur, 12 Porträts, € 6,95
ISBN 978-3-924391-42-3

Unternehmen wie Alnatura, Hessnatur oder die GLS-Bank dachten bereits an einen ökologisch-ethischen Breitenmarkt, als erst eine kleine Subkultur von diesen Ideen überzeugt war. Firmen wie Wala oder Sonett rechneten schon vor Jahren mit einer Krise der Ego-Ökonomie und zogen frühzeitig bis in ihre Rechtsformen hinein Konsequenzen. Für all diese Unternehmen spielt die Anthroposophie bei der Gründung, in der Mitarbeiterbildung oder auch in der Firmenphilosophie selbst eine zentrale Rolle. Ihr Beispiel zeigt, wie die Ideen Rudolf Steiners heute bis in die wirtschaftliche Praxis hinein effektiv sind.

Michael Habecker:
Ken Wilber – die integrale (R)EVOLUTION
Einführung in Theorie und Praxis des integralen Ansatzes

3. Auflage 2007, 272 Seiten,
Broschur, € 19,80
ISBN 978-3-924391-35-5

Mit immer neuen Entwürfen arbeitet der amerikanische Bewusstseinsforscher Ken Wilber an einer neuen spirituellen Synthese menschlichen Wissens. Dieses Buch ist eine der ersten Darstellungen Wilbers in deutscher Sprache, die gerade auch die jüngste Entwicklungsphase Wilbers berücksichtigt und ihre Folgen in zahlreiche Gebiete hinein praxisnah verfolgt.

INFO3 VERLAG

Info3 Verlag
Kirchgartenstr. 1
60439 Frankfurt
Tel. 069-58 46 47
eMail: vertrieb@info3.de
www.info3-verlag.de